발효 및 생물공학 실험서

박용철

국민대학교 출판부
KOOKMIN UNIVERSITY PRESS

머리말

발효 및 생물공학 기술은 미생물 세포 및 효소를 이용하여 인간에게 이로운 다양한 물질을 대량생산하는 기술로 정의할 수 있다. 우리 실생활에 깊숙이 들어온 기술로서 친숙하게는 발효식품 및 주류 제조에서 첨단기술로는 의약품 생산까지 인류의 행복을 위해서 다양한 분야에 사용되고 있다. 생물공학을 색으로 분류할 경우, 그린바이오(Green Bio, 농업 및 식품 분야)와 레드바이오(Red Bio, 의약 및 헬스 분야)에서 활발히 이용되고 있을 뿐만 아니라, 최근 화이트바이오(White Bio, 바이오화학 및 기능성 소재 분야)에 다양한 방법으로 응용되고 있다.

본 실험서에는 발효 및 생물공학에 포함되는 공통기술을 직접 실험해 볼 수 있는 내용을 담고 있다. 미생물 배양을 위한 배지 제조와 세포 정량법, 발효물질 생산에 따른 산물생장억제에 대한 대응법, 유전자 재조합 미생물을 제조하기 위한 세균과 효모의 형질전환법, 각 미생물의 성장환경에 맞는 세균과 효모의 발효기술, 대량생산을 위한 기본적인 발효기 운용법, 발효로 생산되는 다양한 산물의 분석을 위한 크로마토그래피 기술 등을 포함하고 있다.

본 실험서를 통해서 발효와 생물공학 원리를 배운 학생들이 다양한 기초실험지식을 습득할 수 있는 기회를 제공할 수 있고, 더 나아가서 석·박사 등 고급연구인력으로 성장할 수 있는 디딤돌이 될 수 있을 것으로 기대된다. 끝으로 본 실험서의 집필에 큰 도움을 준 국민대학교 바이오발효융합학과 식품생물공학연구실의 구성원들에게 진심으로 감사의 마음을 전합니다.

2024년 1월

저자 박용철

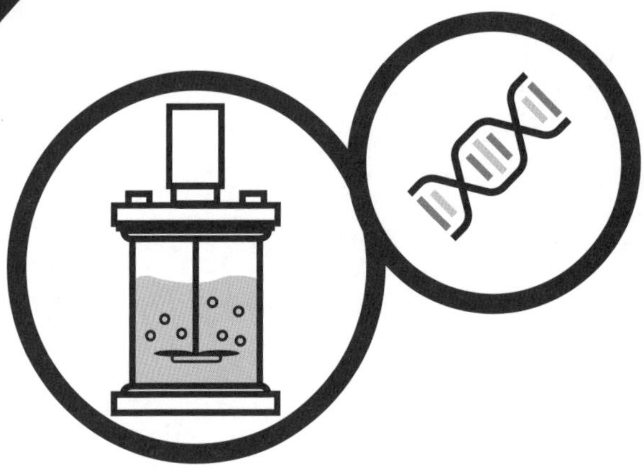

발효 및 생물공학 실험서

Contents

발효 및 생물공학 실험서

실험 1

배지 만들기 및 세포 수 측정

실험 1

배지 만들기 및 세포 수 측정

실험의 목적

- 미생물의 생장조건과 사용목적에 맞는 배지를 제조하고 미생물을배양한다.
- 배양한 미생물의 세포 수를 다양한 방법으로 측정한다.

실험의 원리

(1) 배지 (Medium)

- 미생물을 인공적으로 증식시키거나 생물학적 성상을 알기 위한 재료다.
  - 미생물을 육안으로 확인할 수 있게 한다.
  - 미생물의 생장과 유전적 특성, 발효능, 대사, 동정 등의 연구에이용한다.
- 영양물질의 저장소이다.
  - 세포의 구성성분인 물과 단백질, 탄수화물, 지방, 무기질 등과 대사에 필요한 에너지원이다.

1) 배지 구성성분

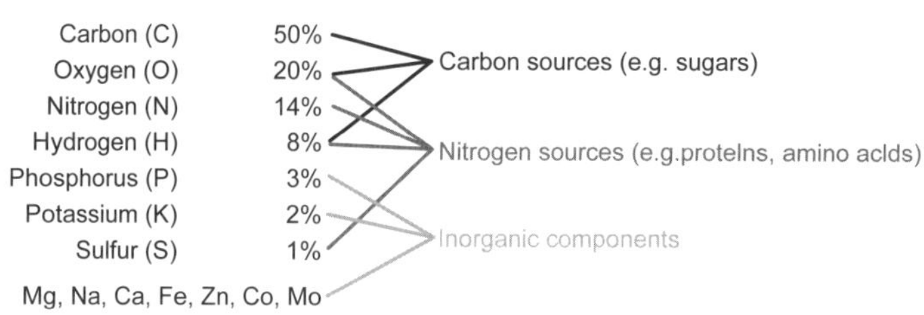

- 탄소원
  - 세포 구성 성분이다.
  - 에너지원이다.
  - 탄수화물, 알코올, 유기산, 아미노산이 대표적이다.

Hexoses	>	Disaccharides	>	Pentoses	>	Polysaccharides
- Glucose - Fructose - Galactose		- Sucrose - Maltose - Lactose		- Xylose - Ribose		- Starch

  - 미생물에 따라 다른 탄수화물 선호도를 가진다.

• 질소원
- 구조 단백질, 효소, 핵산 등을 생합성 하는데 필요하다.
- 유기질소원
  Urea, Protein Hydrolysates (Casein, Soybeans), Complex Sources (Yeast Extract)
- 무기질소원
  Ammonium Hydroxide, Ammonium Sulfate, Sodium Nitrate

• 무기 염류
- 소량 필요하다.
- 생체 반응 촉매 및 단백질 구조를 유지한다.
- 미량 원소
  Na, P, S, K, Mg, Ca
- 극미량 원소
  Mn, Zn, Fe, Cu, Co, Mo

• 성장인자
- 소량 필요하다.
- 생체 반응 촉매 및 단백질 구조를 유지한다.
- Vitamins, Purines, Amino Acids, Fatty Acids

• 다른 첨가물들
- 계면활성제 : 지용성 성분과 응집된 세포들을 퍼뜨려 준다.
- $CaCO_3$: pH 감소를 방지한다.
- Antifoam : 거품생성을 방지한다.

2) 배지 종류

	Microorganisms	**Cuture media**
	Lactic acid bacterria	MRS
Bacteria	*Bacillus* and general bacteria	Nutrient
	Escherichia coli	LB/M9
Yeasts	*Saccharomyces cerevisiae*	YPD/SD
Fungi	*Aspergillus niger*	Potato dextrose

• 성분에 따른 분류

– 제한 배지

▶ 규명된 성분으로 구성된 배지이다.

▶ 생장에 필수적인 성분만을 함유한다.

▶ 특이적 성분의 영향성을 조사 가능하다.

㉠ M9 mineral 배지 for *E. coli*

2 g/L 포도당, 1 g/L NH_4Cl, 6 g/L $Na_2HPO_4 \cdot 7H_2O$, 3 g/L KH_2PO_4, 0.5 g/L NaCl, 1 mM $MgSO_4$, 1 mM thiamine

– 복합 배지

▶ 완전히 규명되지 않은 복합 성분으로 구성된 배지이다.

▶ 주로 산업적 생산에 쓰이며 가격이 저렴하다.

▶ 생장 속도가 빠르고 생산물의 양이 많다.

▶ 물질대사를 컨트롤하기 어렵다.

㉠ LB 배지 for E. *coli*

5 g/L yeast extract, 10 g/L tryptone, 10 g/L NaCl

• 물성에 따른 분류

– 액체 배지

▶ 미생물의 대량 배양에 쓰인다.

▶ 생화학적 검사에 쓰인다.

▶ 대사산물의 생산 및 분리에 쓰인다.

– 고체 배지

▶ 액체 배지에 한천 (Agar) 혹은 젤라틴 등을 첨가하여 응고시킨다.

▶ 생화학적 검사에 쓰인다.

▶ 미생물의 보존에 쓰인다.

▶ 미생물의 순수 분리에 쓰인다.

▶ Agar

홍조류에서 추출한 복합 다당류로 미생물 배지를 고체로 한다.

100 ℃에서 녹고 44 ℃까지 액체상으로 유지한다.

단단하고 투명 젤을 형성하여 콜로니 관찰이 용이하다.

복합 탄수화물이라 세균에 의한 분해가 거의 없다.

(2) 미생물 생장 곡선 (Growth Curve)

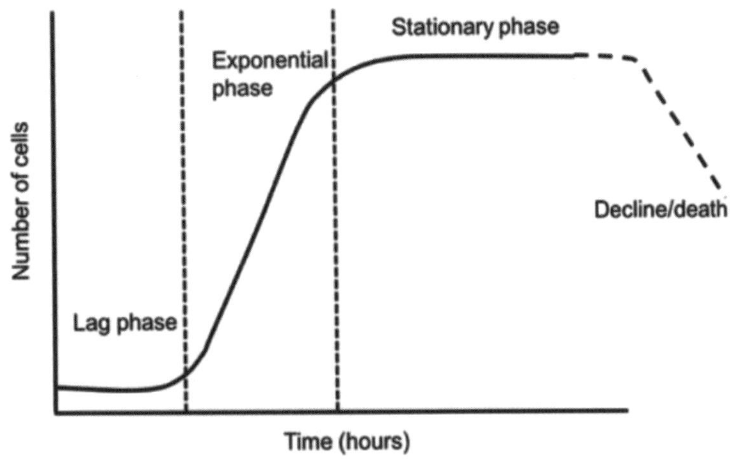

1) Lag Phase, 유도기
2) Exponential Phase (or Log Phase), 대수기 (or 지수기 등)
3) Stationary Phase, 정지기
4) Decline/Death Phase, 사멸기

(3) 멸균(Sterilization)

멸균 대상물에 존재하는 미생물을 100% 제거하거나 죽이는 것을 의미하며, 여러 가지 방법이 존재하므로 멸균할 물질의 특성에 따라 적절한 방법을 선택한다.

(4) 세포 수 측정법

1) 분광광도계(Spectrophotometer)

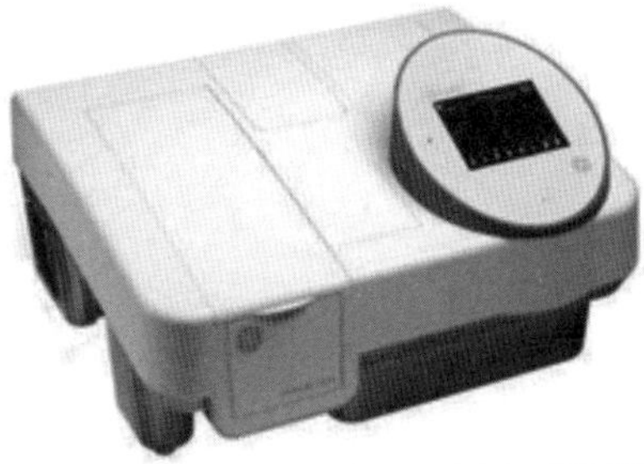

< GE health care Ultrospec™ 7000 >

• 특정한 파장의 빛을 투과하여 600 nm에서의 흡광도를 측정한다.

[Beer-Lambert 법칙]

매질과 빛의 흡광도에 관한 법칙

$T=\frac{I}{I_0}$ (T 투과도, I 투과한 빛의 세기, I_0 입사한 빛의 세기)

$A=log\frac{I_0}{I}=\log\frac{1}{T}=-logT$ (A 흡광도)

$A=\varepsilon bc$ (ε: 몰 흡광계수, b: 매질 내에서 빛의 이동 거리, c: 매질의 농도)

2) 헤모사이토미터(Hemocytometer)

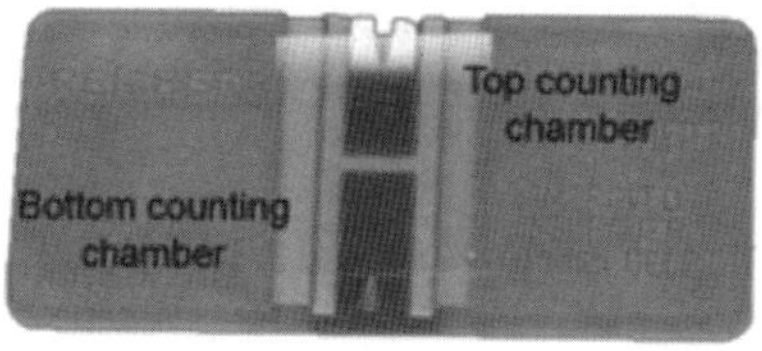

일정 구획 안에 있는 세포를 현미경을 통해 세포 수를 측정하는 방법이다.

3) 생균수 측정(CFU(Colony Forming Unit) Counting)

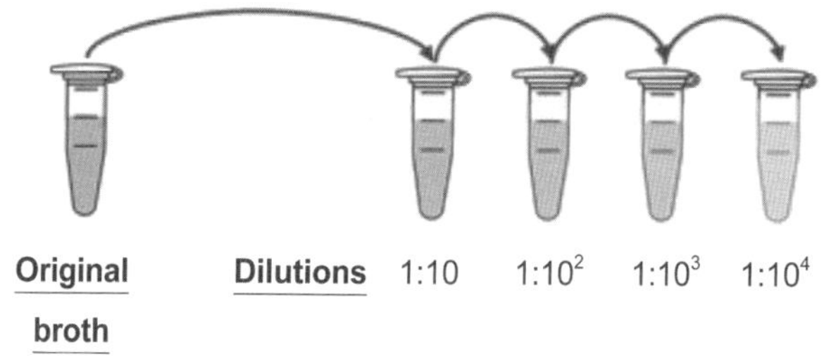

배양액을 연속희석법으로 희석하여 배지에 도말한 후, 콜로니(colony)의 개수를 측정한다.

재료 및 도구

Yeast Extract, Peptone, 포도당, Agar, 비커, 삼각 플라스크, 메스 실린더, 교반기, 마그네틱 바, 알코올 램프, 페트리 디쉬, 시약 수저, 시약 접시, 저울, 클린벤치, 분광광도계, Cuvette, 마이크로 피펫, 피펫 팁, Hemocytometer

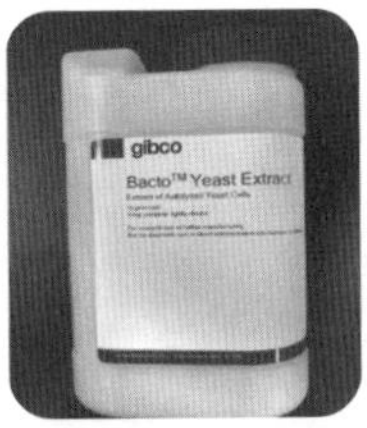

〈Yeast extract〉

〈Peptone〉

〈Glucose solution〉

〈Agar〉

〈비커〉

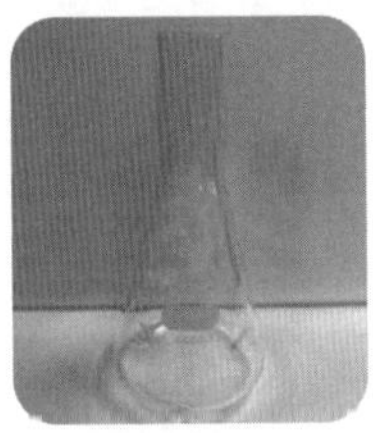
〈삼각 플라스크〉

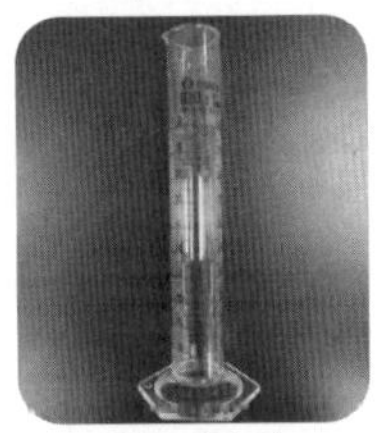
〈매스실린더〉

〈교반기〉

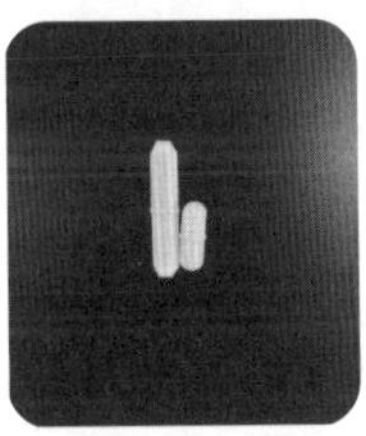
〈마그네틱 바〉

〈페트리 디쉬〉

〈시약 수저〉

〈시약 접시〉

〈저울〉

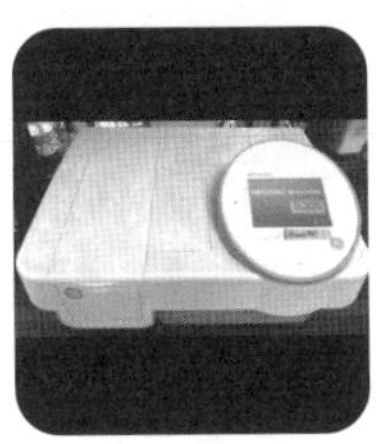
〈분광광도계〉

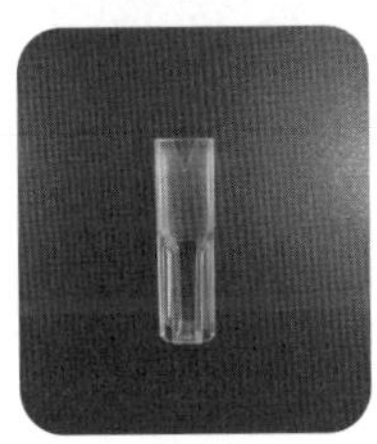
〈큐벳〉

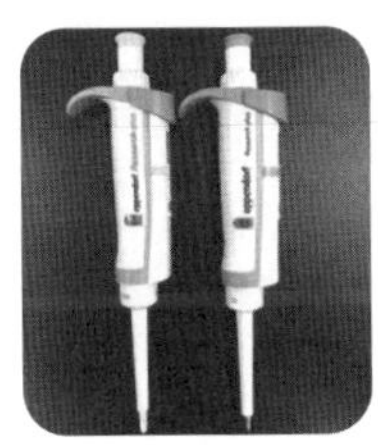
〈마이크로 피펫〉

〈Hemocytometer〉

실험 방법

가) 효모 배양용 고체배지 (YPDA) 제작

① 200 g/L 포도당 용액(10x)을 제조 후 멸균한다.

② 10 g/L Yeast extract, 20 g/L Peptone을 제조하고자 하는 배지의 부피에 맞추어 정량한다.

③ 정량한 파우더를 적절한 양의 증류수를 이용해 녹인다.

④ 녹인 배지 용액을 메스 실린더를 이용해 정량한다. 이때, 총 부피의 10 %를 제외한 양으로 맞춰준다.

⑤ 정량한 YP 배지에 총부피의 1.5~2%의 Agar를 섞어준다.

⑥ 고압멸균기를 이용하여 멸균한다. (121 ℃, 15분) 이때, 마그네틱 바를 넣어 함께 멸균하며, 멸균 후에는 클린벤치 안에서 진행한다.

⑦ 멸균이 끝나면 200 g/L 포도당 용액을 총부피의 10 % 만큼 넣어준다.

⑧ 두 용액을 교반기를 이용하여 잘 섞어준 다음 페트리디쉬에 20~25 mL 정도 부어준 다음 배지가 굳을 때까지 충분히 식혀준다.

⑨ 완전히 굳은 배지는 밀봉 후 뒤집어서 냉장 보관한다.

나) 멸균 - 고온 · 고압 멸균기(Autoclave)

① 멸균기 내에서 끓어 넘치는 것을 방지하기 위해 병마개를 살짝 열어준다.

② 내열성 플라스틱을 사용한 실험도구를 사용한다.

③ 너무 과도한 양을 동시에 멸균하지 않는다.

④ 멸균 지시테이프를 사용하여 멸균이 정확히 진행되었는지 확인한다.

⑤ 반드시 실험복과 장갑을 착용하여 멸균기를 사용한다.

⑥ 온도가 80 ℃ 이하고, 증기압이 모두 빠진 것을 확인하고 뚜껑을 연다.

멸균기 사용시 온도와 압력을 꼭 확인하여 화상에 주의하는 동시에 너무 낮은 온도에서는 배지가 굳을 수 있기 때문에 유의한다.

다) 세포 농도 측정 - 분광광도계(Spectrophotometer)

① 큐벳에 영점 용액을 넣어 600 nm 파장에서 영점을 맞춘다.

② 배양액이 담긴 큐벳을 넣고 Optical Density (OD)값을 측정한다.

(OD_{600} 신뢰구간 0.2~0.6)

라) 세포 수 측정 - 헤모사이토미터(Hemocytometer)

① 영하 80 ℃ 이하에서 Stock으로 보관된 효모 균주를 녹여 시험관에 접종한다.

(YPD 액체배지 - 테스트 튜브)

② 30 ℃, 200 rpm 조건에서 12시간 이상 배양한다.

③ 여러 희석 배수의 배양액 샘플을 만든다.

④ 건조된 헤모사이토미터에 커버 글라스를 덮어준다.

⑤ 헤모사이토미터의 틈을 이용하여 20 uL의 샘플을 천천히 주입한다.

⑥ 현미경으로 셀의 개수를 측정하고 셀 농도를 계산한다.

[계산 방법]

임의로 3개의 칸을 지정 후 3칸 안에 있는 모든 세포의 개수를 센다.

구해진 세포의 개수를 3으로 나누어 3칸에 있는 세포 수의 평균값을 구한다.

부피비와 희석배수를 곱하여 최초 배양액 내의 세포 수를 구한다.

㉠ 세포 배양액 1 mL를 가지고 있다. 100 uL의 세포배양액과 900 uL의 증류수를 혼합한 후, 혼합액의 20 uL를 헤모사이토미터 (한 격자크기: 가로 1 mm, 세로 1 mm, 높이 0.1 mm)에서 세포 수를 측정한 결과이다.

격자	세포 수	총 격자 개수	25
1	10	희석 배수	10
2	12	Hemocytometer 부피	0.1 cm×0.1 cm×0.01 cm
3	14		=0.0001=(부피 비 : 10^4)
평균	12		

12 (3개 격자 평균) ×25 (총 격자 개수) ×10 (희석 배수) ×10^4 (부피 부) 3 10^7 (/ml)

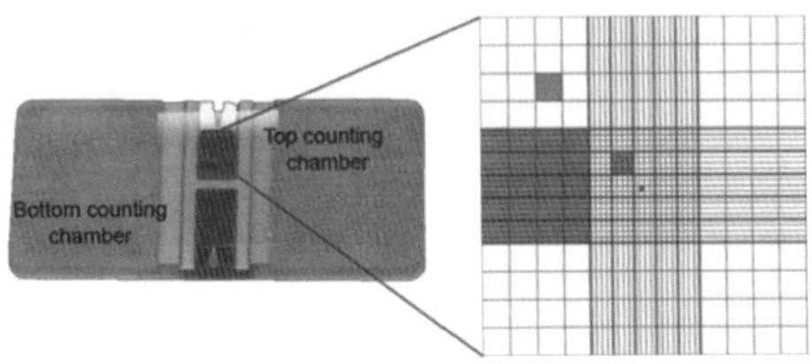

마) 세포 수 측정 - 생균수 측정(CFU counting)

① 영하 80 ℃에서 스탁으로 보관된 효모 균주를 녹여 시험관에 접종한다. (YPD 액체배지 - 테스트 튜브)

② 30 ℃, 200 rpm 조건에서 12시간 이상 배양한다.

③ 연속희석 후 100 uL를 준비된 YPD 플레이트에 희석 배수별로 도말한다.

④ 30 ℃ 조건에서 12시간 이상 정치배양 후 콜로니를 관찰한다.

[계산 방법]

㉠ 1 mL의 세포 배양액을 가지고 있다. 세포 배양액을 10,000 배 희석한 후, 희석된 현탁액 100 uL을 총 3개의 고체 배지에 도말한 결과이다.

Plate	Colony 수	희석한 현탁엑 1 ml에 들어있는 세포 수	95×10=950개
1	95		
2	94	최초 세포배양액 내의 CFU/mL	950×10000 (희석 배수)=9.5×10^6 (CFU/mL)
3	96		
평균	95		

실험보고서

실험보고서

실험보고서

실험보고서

발효 및 생물공학 실험서

실험 2

발효물질의 세포 독성 시험

실험 2

발효물질의 세포 독성 시험

실험의 목적

- 박테리아와 효모를 이용한 생화학물질 생산에 대해 알아보고 대사경로설계 및 최적화에 대해 학습해본다.
- 생성물 독성(Product toxicity), 감수성 시험(Sensitivity test)에 대해 알아보고 실습해본다.

실험의 원리

(1) 아이소부탄올(Isobutanol)

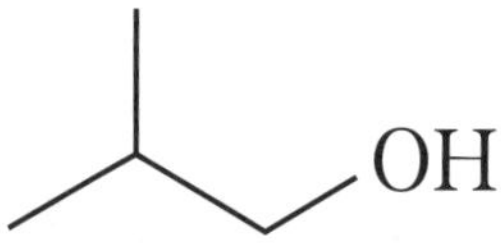

- 아이소부탄올은 2세대 바이오연료로 현재 사용되고 있는 가솔린 대신 이용할 수 있으며 에탄올을 대체할 수 있다.
- 낮은 증기압, 낮은 흡습성, 높은 에너지 밀도를 가지고 있어 에탄올보다 액체연료로 적합하다.

(2) 자일리톨(Xylitol)

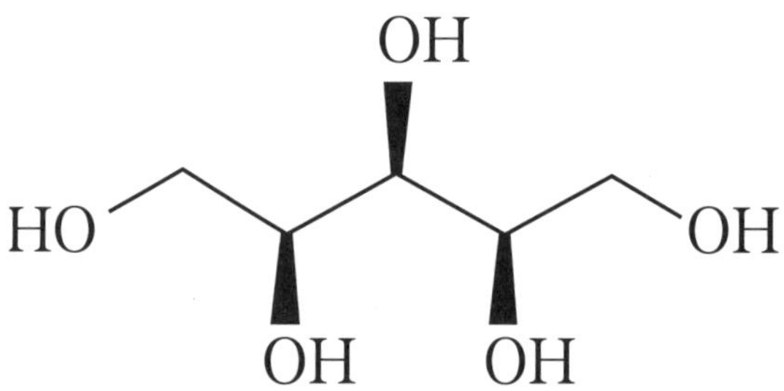

- 자일로스를 가공하여 만든 당 알코올로 설탕 대용품이나 치아 관리용품에 이용된다.
- 자당, 포도당, 과당 등은 육탄당이지만 자일리톨은 오탄당이므로 충치 원인균이 이를 이용하여 발효하지 못한다. 따라서 산의 생성이 불가능해 치아를 보호하거나 손상된 치아 복원에 도움을 준다.

(3) 생성물저해 (Product inhibition)

- 세포가 성장하면서 다양한 산물을 생산하게 되는데, 이 산물의 성질에 따라 세포 성장을 저해하는 경우가 있다. 이는 효소의 되먹임저해(Feedback inhibition)과 매우 유사하다.
- 저해 메커니즘에는 경쟁적 저해, 비경쟁적 저해가 있다. 비경쟁적 산물 저해의 예시는 효모 발효를 통해 포도당으로부터 생산된 에탄올의 저해 메커니즘이 있다.

(4) 항생제 저항성 시험

- 세균이 항생제에 얼마나 민감하게 반응하는지 측정하는 방법이다. 이를 통해 세균이 어떤 항생제에 내성을 가지는지 알 수 있다.

1) 페이퍼 디스크 방법

- 균주를 한천배지에 깔고, 항생제가 포함된 디스크 근처에서 세균 성장 여부를 관찰하는 검사법이다.
- 항생제가 적셔진 디스크를 배지에 올리면 디스크 주위로 항생제 성분이 확산하고, 세균이 이 항생제에 감수성을 가진 경우 특정농도 이상 부분에서 세균의 성장이 억제되어 고리모양의 영역이 생긴다.

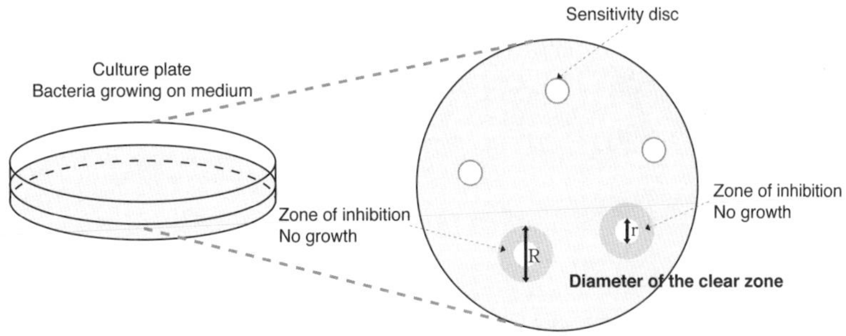

Bacteria are sensitive to antibiotics C and D but are resistant to A, B and E.

[계산 방법]

클리어존의 실제 면적 = 전체 - 페이퍼 디스크의 직경

$= \pi(\frac{R}{2})^2 - \pi(\frac{r}{2})^2$ (단위: mm)

(5) 항생제 종류 및 기전

■ 불가피한 경우를 제외하고 병용하여 사용하지 않고, 세균에 가장 특이적으로 반응하는 것을 단일 약물로 사용한다.

1) 세균세포벽 합성 저해 항생제

- 세균의 경우 세포벽으로 둘러싸여 있다. 이 세포벽합성을 저해하는 항균작용을 할 경우 세균이 더 이상 살 수 없음을 이용하는 방법이다.

  예 : 아목시실린(페니실린계), 세파클러(세팔로스포린계)

2) 세균 세포막 기능 저해 항생제

- 세포막의 투과성을 변화시켜 세포를 죽게 만드는 항생제이다.

  예 : 그람 음성균에 작용하는 폴리믹신

3) 세균 증식 저해 항생제

- 세균이 증식하기 위해선 엽산을 만들어 DNA, RNA를 만들고, 이를 이용하여 단백질을 합성하는데 그 중간 단계를 막아 증식을 저해한다.
- 엽산 합성 저해제: 세균은 인간과 달리 엽산을 스스로 합성하는데 이에 관여하는 효소를 억제한다
- 핵산 합성 저해제: DNA의 전사나 RNA의 형성을 방해하여 항균작용 한다.
- 단백질 합성 저해제: 인간과 세균은 리보솜 구조가 다르기 때문에 세균에게만 선택적으로 독성을 나타내게 하여 단백질 합성을 저해한다. 세부 계열로는 아미노글리코사이드 계열, 테트라사이클린 계열, 마크로라이드 계열, 린코사마이드 계열, 옥시졸리디논 계열, 클로람페니콜이 있다.

재료 및 도구

재료

■ 농도별 아이소부탄올을 함유한 LB agar배지, 농도 별 xylitol을 함유한 YPD agar배지, 증류수, 배양한 대장균, 배양한 효모, 파이펫, 팁, 알코올램프, spreader, 파라필름, e−tube

■ 배양해둔 대장균, paper disk, LB배지, 파이펫, 팁, spreader, 파라필름, 알코올램프, 핀셋, 항생제

도구

- Vortexer, 배양기
- 배양기

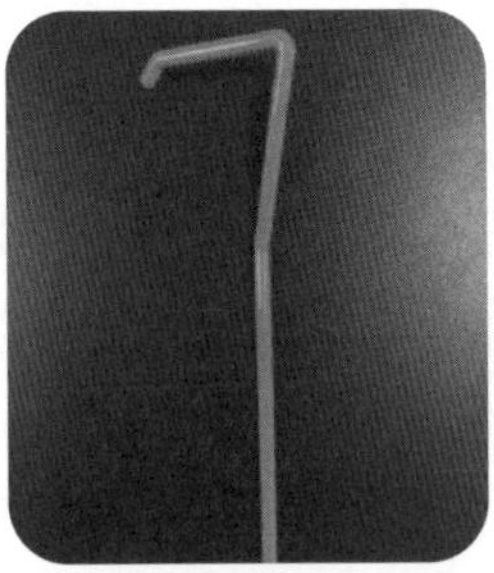

〈스프레더〉

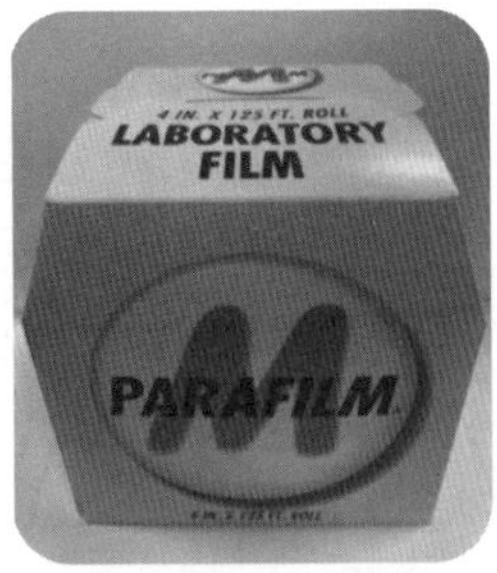

〈파라필름〉

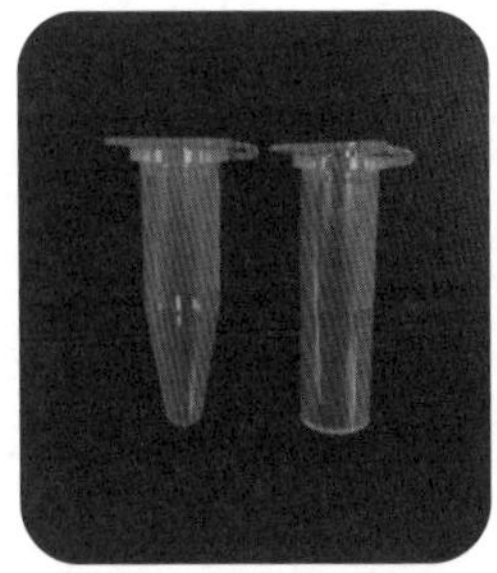

〈e-tubhe〉

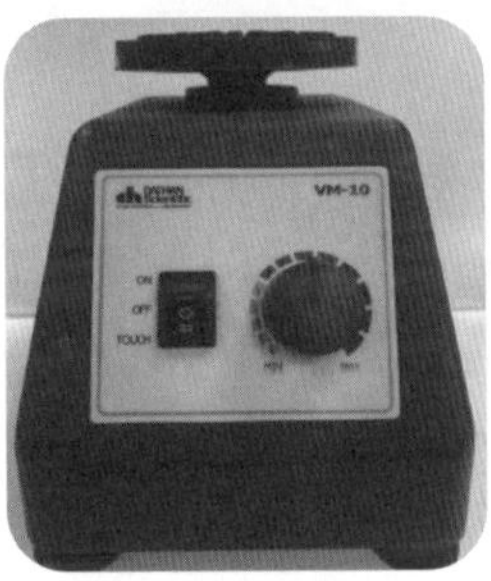

〈볼텍서〉

〈배양기〉

실험 방법

(1)저항성 시험

1) *E. coli* 의 아이소부탄올 저항성 시험
   ① 대장균을 LB배지에 배양해 둔다 (37 ℃, 200 rpm, 12시간 이상)
   ② 농도별 아이소부탄올 (0%,0.5%, 1%, 2%, 5%, 10%)을 함유한 배지를 만든다.
   ③ 배양액을 증류수를 이용하여 10^{-6}까지 희석해준다
   ④ 농도별 아이소부탄올을 첨가한 배지에 10^{-4},10^{-5} 희석한 배양액을 볼텍싱 후 100 ul 평판도말한다.
   ⑤ 파라필름으로 감싼 후 37 ℃, 12시간 정치배양한다.
   ⑥ 배양이 끝나면 콜로니를 관찰한다.

2) *S. cerevisiae* 의 자일리톨 저항성 시험
   ① 효모를 YPD배지에 배양해둔다 (30 ℃, 200 rpm, 12시간 이상)

② 농도별 자일리톨 (0%,1%, 2%, 5%, 10%, 15%)을 함유한 배지를 만든다.

③ 배양액을 증류수을 이용하여 10^{-6}까지 희석해준다

④ 농도별 자을 첨가한 배지에 10^{-4},10^{-5} 희석한 배양액을 볼텍싱 후 100 ul 평판도말한다.

⑤ 파라필름으로 감싼 후 30 ℃, 24시간 정치배양한다.

⑥ 배양이 끝나면 콜로니를 관찰한다.

(2) 페이퍼 디스크 방법

① 대장균을 LB에 접종하여 배양해둔다. (37 ℃, 200 rpm, 12시간 이상)

② 플레이트에 항생제 구간을 나눠 네이밍한다.

③ 배지에 대장균 배양액을 100 ul 평판도말한다.

④ 페이퍼 디스크를 세포가 도말된 배지에 핀셋을 이용하여 올린다.

⑤ 페이퍼 디스크에 항생제 30ul를 천천히 적셔준다.

⑥ 파라필름으로 감싼 후 37 ℃ 배양기에서 12시간 정치배양한다.

⑦ 배양이 끝나면 clear zone을 확인한다.

[보충 자료]

아이소부탄올, 자일리톨 농도 계산법

(1) 아이소부탄올 함유 LB agar 배지 제작

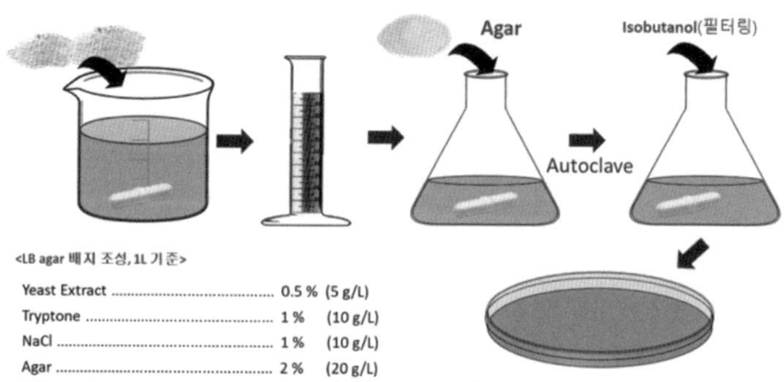

<LB agar 배지 조성, 1L 기준>

성분	%	g/L
Yeast Extract	0.5 %	(5 g/L)
Tryptone	1 %	(10 g/L)
NaCl	1 %	(10 g/L)
Agar	2 %	(20 g/L)
Isobutanol	? %	(? g/L)

- 아이소부탄올 (= 2−methyl−1−propanol) 밀도 d = 0.803 g/mL
- 아이소부탄올 용액이 얼마나 들어가는지 미리 계산해서 그만큼의 부피를 빼고 배지를 제작해야 함. 포도당 용액이 들어갈 부피를 빼고 물을 맞추었던 원리와 같음

(2) 자일리톨 함유 YPD agar 배지 제작

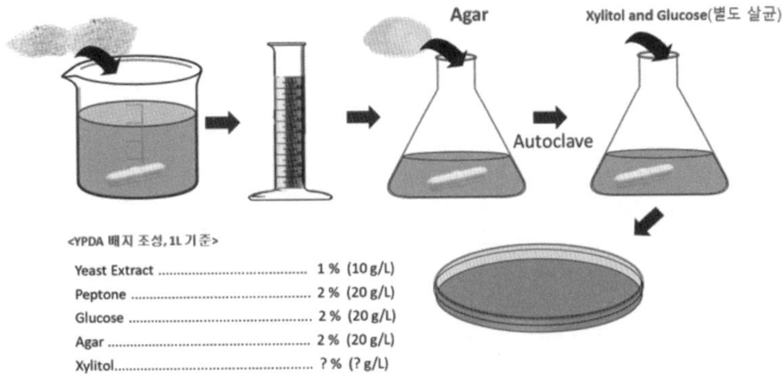

- 자일리톨 : 400 g/L 용액으로 제작하여 투입
- 포도당 용액과 자일리톨 용액이 들어갈 부피를 미리 계산해서 그만큼의 부피를 모두 빼고 배지를 제작해야 함.

실험보고서

실험보고서

실험보고서

실험보고서

실험 3

세균과 효모의 형질전환

실험 3

세균과 효모의 형질전환

실험의 목적

● 외래 유전자를 세균(Bacteria) 및 효모(Yeast)에 도입하는 원리와 방법에 대해 이해하고 형질전환체의 선별을 위한 실험을 진행한다.

실험의 원리

(1) 벡터(Vector)

유전자 운반체이자 특정 유전자 DNA를 원하는 숙주세포 속에 가지고 들어가서 증폭시킬 수 있는 가능은 보유한 DNA 분자

1) 플라스미드(Plasmid)

■ 자가 복제 능력을 보유하고 있으며, 염색체의 DNA 와는 별개로 분리되어 세포질 내에 존재하는 두 가닥의 원형 DNA이다. 주로 세균 내에서 일부 고세균이나 진핵생물에서도 관찰된다. 제작된 플라스미드들은 벡터로서 재조합 DNA의 복제에 주로 이용되는데 대개 1~10kbp 정도의 소형 DNA들이다. 또한 그 복제개수에 따라 한 세포 내에서 많은 수의 플라스미드를 가질 수 있다.

■ 구성 요소

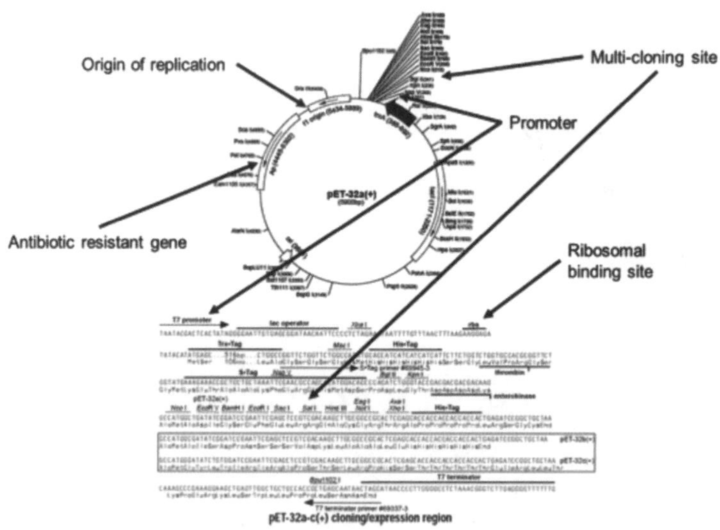

■ 복제원점 (Replication origin)

DNA 중합효소가 처음 인식하는 부위이며 DNA 복제가 시작되는 부분으로 세포분열 및 DNA 복제 시 필수적이다. 플라스미드를 2개 이상 사용할 경우 같은 origin을 사용하면 경쟁이 일어나 제대로 복제가 되지 않을 수 있기 때문에 이를 주의하여야 한다.

■ 제한효소 자리 (Multi cloning site, MCS)

벡터의 일정부위에 제한효소 절단부위가 밀집된 부분을 통칭하는 용어로 재조합 플라스미드 제작 시 원하는 유전자가 삽입되는 부분이다. 일반적으로 발현용 플라스미드의 MCS는 주로 프로모터와 종결점사이에 위치한다.

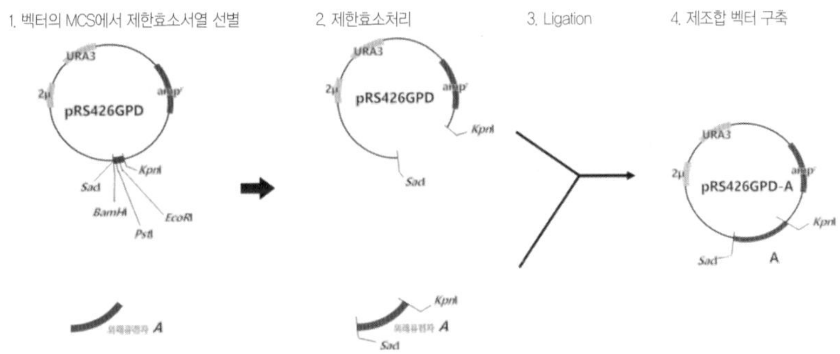

■ 항생제 마커 (Antibiotic marker)

항생제저항 유전자를 보유한 인공 플라스미드를 미생물에 넣어 형질전환한 후 항생제가 든 배지에서 배양하면 플라스미드 벡터를 가진 미생물만 배지에서 살아남게 되므로 손쉽게 형질 전환된 미생물을 선별할 수 있다.

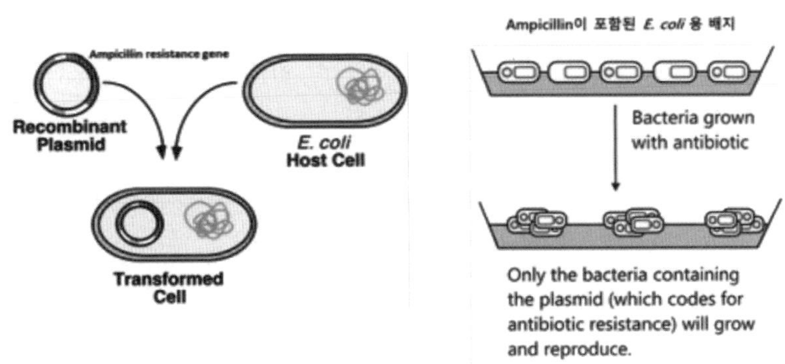

2)파지(Phage)

일종의 바이러스로서 세균을 숙주로 이용하여 생활하며, 박테리오 파지라고도 한다. 여러가지 형태로 존재할 수 있으나 기본적으로 유전자인 핵산을 안에 두고, 외부에 단백질이 둘러싸고 있는 모습을 나타낸다. 이중 람다 파지는 약 50kb

에 해당하는 이중 가닥 DNA를 유전자로 가지고 있으며, DNA 분자의 양 끝에 단일 가닥 형태의 12개의 뉴클레오타이드에 해당하는 점착 말단을 가지고 있다.

3) 코스미드(Cosmid)

플라스미드로서의 일부 기능과 파지로서의 일부 기능을 보유한 거대 DNA 분자 클로닝용 벡터로, 코스미드의 크기 자체가 플라스미드 벡터처럼 5kb내외로 매우 작아서 약 40~45kb에 상당하는 DNA 분자를 클로닝 하는 데 사용된다.

(2) 형질전환

1) 반응능 세포(Competent Cell)

■ 기존의 세포를 외부 DNA를 보다 쉽게 받아들일 수 있는 상태로 만들어준 세포

■ 반응능 세포 제조 원리

– 박테리아의 경우 반응능 세포 제조 시 세포벽 및 세포막의 구조를 변화시키기 위하여 염화칼슘($CaCl_2$) 또는 RbCl(rubidium chloride)를 사용한다. 일반적으로 인산염에 의해 (−)전하를 띠는 DNA와 세포막의 디아실글리세롤에 의해 (−)전하를 띠는 박테리아는 서로 척력을 가져 DNA가 박테리아 안으로 들어가기 힘든 상태이다. 박테리아에 이가양이온(Ca^{2+}, Rb^{2+}) 등을 처리하여 세포막 고유의 전하를 변화시킴으로, 세포막 구조를 불안정하게 하고 세포벽을 흐물흐물하게 하여 외부 DNA가 박테리아 내로 쉽게 들어갈 수 있는 상태를 만들어 준다.

– 효모의 경우 반응능 세포 제조 시 Ca^{2+}와 같은 2가 양이온을 이용했을 때 형질전환 효율이 높지 않기 때문에 LiAc를 사용한다.

2) 항생제 저항성 유전자(Antibiotic Resistance Genes, Antibiotic marker): 발현이 되면 항생제를 분해는 효소를 만드는 유전자. 일반적으로 세균은 항생제에 취약한 구조로 되어 있으나 형질전환 등으로 저항유전자를 넣어주면 항생제가 있는 배지에서도 생장할 수 있다.

■ 항생제 : 균을 죽이거나 균의 성장을 방해하는 물질

<the mechanism for killing bacteria, and general working concentrations>

Name	Class	Mode of Action		Working Concentration
Kanamycin	aminoglycoside	Binds 30S ribosomal subunit; causes mis-translation	Bactericidal	50-100 ug/mL
Streptomycin	aminoglycoside	Inhibits initiation of protein synthesis	Bactericidal	25-100 ug/mL
Ampicillin	beta-lactam	Inhibits cell wall synthesis	Bactericidal	100-200 ug/mL
Tetracycline	tetracyclin	Binds 30S ribosomal subunit; inhibits protein synthesis (elongation step)	Bacteriostatic	10 ug/mL
Chloramphenicol		Binds 50S ribosomal subunit; inhibits peptidyl translocation	Bacteriostatic	5-25 ug/mL in EtOH

■ 항생제 : 균을 죽이거나 균의 성장을 방해하는 물질

– 유전자 조작을 통해 특정 항생제에 저항을 가진 항생제 저항성 유전자와 표적 유전자를 가진 플라스미드를 제작한 뒤 이를 도입함으로써 특정 항생제가 포함된 배지에서 자라지 못하는 대조군과 구별하여 형질전환체를 선별할 수 있다.

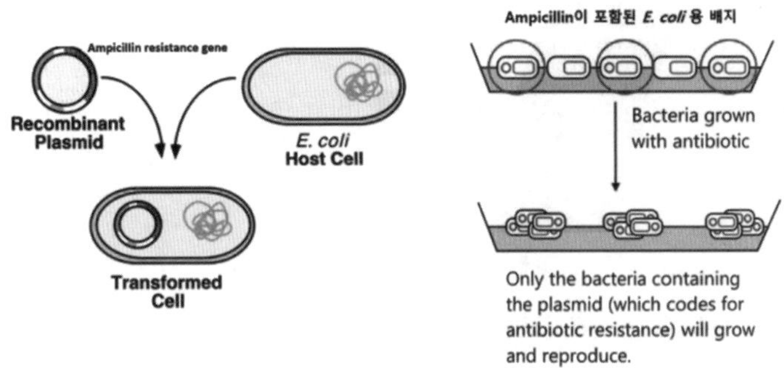

〈암피실린 저항성 유전자를 가진 플라스미드의 도입과 형질전환체의 선별〉

3) 영양요구체(Auxotroph): 하나 이상의 영양성분을 합성할 수 없도록 만든 균주

■ 영양요구체 이용 원리

– 유전자 조작을 통해 영양합성에 필요한 유전자를 제거해 제작한 뒤, 영양요구체 형질전환체에 영양합성에 필요한 유전자를 표적 유전자와 함께 도입함으로써 특정 선별 표시 물질이 포함되지 않은 배지에서 자라지 못하는 대조군과 구별하여 형질전환체를 선별할 수 있다.

Strain	Genotype	Source
D452-2	*S. cerevisiae*, *MAT*α, *leu2*, *his3*, *ura3* *and can1*	Hosaka et al. (1992)

〈영양요구체 효모인 S.cerevisiae D452-2의 유전형〉

4) 형질전환 종류

■ 스페로플라스트법(Spheroplast) : 세포벽이 완전히 제거된 세포를 원형질체(protoplast)라고 하고 부분적으로 세포벽이 제거된 세포를 스페로플라스트(spheroplast)라고 한다. 효모에 세포벽을 용해시키는 효소를 처리하여 세포벽이 약화된 스페로플라스트를 만들어 그 안에 DNA를 도입하는 방법을 스페로플라스트법이라고 한다.

■ 전기천공법(Electroporation) : 친수성과 소수성으로 되어 있는 인지질의 이중막을 짧은 시간 동안의 전기 충격으로 세포막 구조를 파괴시켜 작은 구멍(천공)을 만들고, 이를 통해 극성 물질인 외래 DNA가 주입되도록 하는 방법이다. 이렇게 잠시 파괴된 세포막은 일정 시간 후에 자연적으로 다시 결합되어 정상적으로 돌아가게 된다.

- 글라스비드 방법(Glass Bead method): 글라스비드라는 미세한 유리 알갱이로 효모의 세포 표면에 물리적 충격을 주어 외래 DNA를 도입하는 방법
- 유전자총 형질전환(Biolistic transformation): DNA로 코팅된 입자를 세포나 조직 속으로 총을 쏘듯이 발사해서 투입함으로써 DNA를 세포 내로 전달한다. DNA가 코팅된 금 혹은 텅스텐으로 된 세포보다 작은 미세 입자를 고압을 이용하여 세포에 빠른 속도로 발사하여, 그 입자가 순간적으로 세포막을 뚫고 세포 내로 주입되기 하는 방법이다. 이 고압을 형성하기 위해 비활성 기체인 헬륨이 이용되고, 가속된 고속 입자와 공기 사이의 마찰에 의한 저항을 없애기 위해 특별히 제작된 진공 챔버를 사용한다.
- LiAc/SS carrier DNA/PEG method: 가장 보편적으로 사용되는 효모 형질전환 방식으로 높은 효율을 보인다. Lithium acetate가 세포벽과 세포막에 구멍을 뚫어 외래 DNA가 세포 안으로 잘 들어갈 수 있도록 하고, ssDNA가 외래 DNA를 cell 안으로 끌고 들어가 DNA가 세포 내에서 핵산내부가수분해효소에 의해 분해되는 것을 막아주는 역할을 한다. Polyethylene glycol(PEG)는 이러한 약해진 세포가 터지지 않도록 지지해주는 합성 세포벽의 역할을 한다.
- 열충격 형질전환(Heat shock transformation): 반응능 세포에 순간적인 열충격을 주어 세포에 구멍을 만들고 외래 DNA를 도입하는 방법이다. 반응능 세포를 제조할 때 양이온들이 반응능 세포의 세포막이 가지고 있는 (−) 전하를 상쇄시켜 세포막이 불안정해진다. 이 때 열 충격을 주면 세포막에 구멍이 생겨 외래 DNA 도입이 용이해진다.

재료 및 도구

1) *E. coli* 형질전환

증류수, 5ml LB medium (test−tube), 암피실린(50 μg/ml), 100ml LB medium(플라스크), Agar, 0.1M Calcium chloride($CaCl_2$) 용액, 0.1M $CaCl_2$+15% Glycerol 용액, 액체질소 비커, 매스실린더, 교반기, 마그네틱바, 페트리디쉬, 시약 수저, 시약 접시, 저울, 클린 벤치, 파이펫, 파이펫 팁, Conical tube, E−tube

〈Yeast extract〉

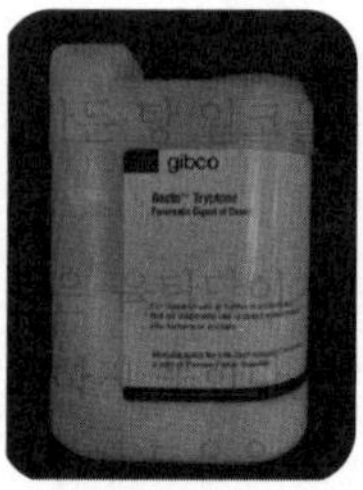

〈Tryptone〉

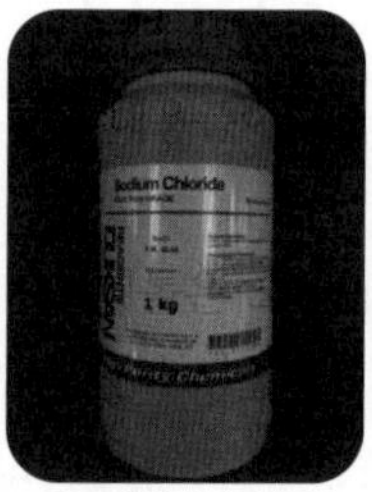
〈NaCl〉

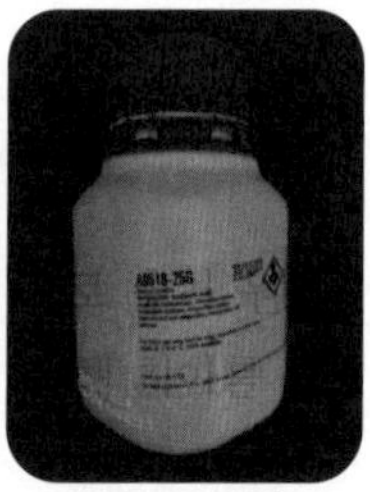
〈Ampicilin〉

2) 효모 형질전환

증류수, Yeast Nitrogen Base without Amino Acid, Yeast Synthetic Dropout without Uracil, 포도당 solution(200 g/L), Agar, Lithium acetate, Single-stranded DNA, Polyethylene glycol, 비커, 매스실린더, 교반기, 마그네틱 바, 페트리디쉬, 시약 수저, 시약 접시, 저울, 클린 벤치, 파이펫, 파이펫 팁, Conical tube, E-tube

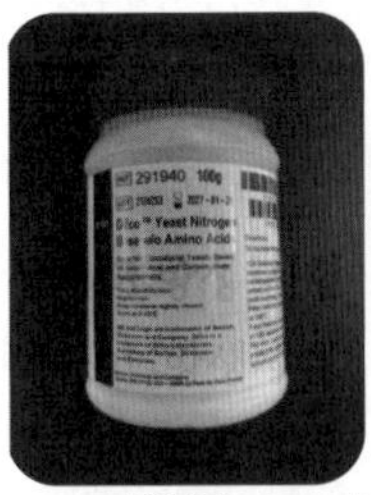
〈YNB〉

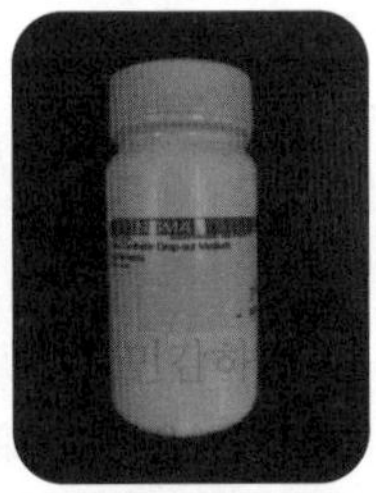
〈Yeast synthetic dropout without uracil〉

〈Glucose solution〉

〈lithium acetate〉

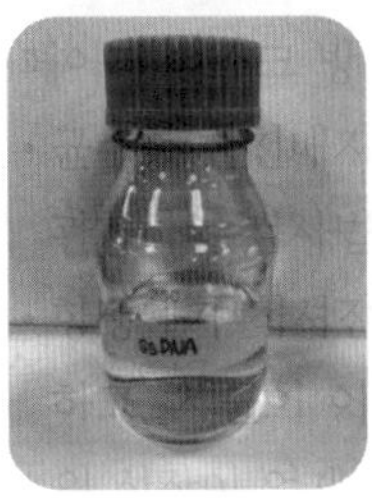
〈ss DNA〉

〈PEG〉

실험 방법

■ *E. coli* 형질전환

1) *E. coli* 형질변환체 선별용 고체 배지(LBA) 제작

* 조성 (LBA 고체배지 1L 기준)
- Yeast Extract .... 0.5% (5 g/L)
- Tryptone .... 1% (10 g/L)
- NaCl .... 1% (10 g/L)
- Agar .... 2% (20.0 g/L)

① 5 g/L Yeast Extract, 10 g/L Tryptone, 10 g/L NaCl을 제조하고자 하는 배지의 부피에 맞추어 정량한다.
② 정량한 파우더를 적절한 양의 증류수를 이용해 녹인다.
③ 녹인 배지 용액을 메스 실린더로 총부피를 맞춘다.
④ 정량한 LB 배지에 총부피의 1.5~2%에 해당하는 Agar를 정량 후 섞어준다.
⑤ 고압멸균기를 이용하여 멸균한다. (121 ℃, 15분)

이때, 마그네틱 바를 넣어 함께 멸균하며, 멸균 후에는 클린벤치 안에서 진행한다.

⑥ 멸균 후, 60 ℃ 이하로 50 mg/mL 암피실린(1000X)을 배지의 0.1% 첨가해준다.

⑦ 두 용액을 교반기를 이용하여 잘 섞어준 후 페트리디쉬에 20~25 ml 정도 부어 배지가 굳을 때까지 충분히 식혀준다.

⑧ 완전히 굳은 배지는 밀봉 후 뒤집어서 냉장 보관한다.

2) *E. coli* 반응능 세포 제작

① LB 플레이트에 자란 *E. coli* 단일 콜로니를 클린벤치 안에서 LB 배지 5 ml에 접종 후 12시간 배양한다.

② LB 배지 100 ml을 제작 및 멸균하여 미리 준비한다.

③ 배양액 1 ml(배지의 1%)을 제작한 LB 100 ml에 접종한 뒤 600 nm에서 OD를 측정하여 0.4~0.8이 될 때까지 37 ℃, 200 rpm 배양한다.

④ 적정 OD가 나오면 멸균된 50 ml 튜브에 40 ml씩 분주 후 무게를 맞춘다.

⑤ 원심분리 한다(4000 rpm, 10 min, 4 ℃).

⑥ 종료 후 클린벤치 안에서 상등액을 제거한다. (튜브는 항상 얼음에 두어 차갑게 유지할 것)

⑦ 상등액 제거 후 4 ml(배양액 부피의 10%)의 멸균 및 냉장보관한 0.1M $CaCl_2$ 첨가 후 세포를 풀어준다.

⑧ 얼음에 30분 안정화 후 원심분리 한다(4000 rpm, 10 min, 4 ℃).

⑨ ⑥ ~ ⑧을 두 번 더 시행한다.

⑩ 상등액 제거 후 멸균 및 냉장보관한 0.1M $CaCl_2$+15% glycerol 첨가 및 재부유 한다.

⑪ 1.5 ml e-tube에 100 ul씩 분주 후, 액체 질소 이용 급속 냉동하여 디프리저에 보관한다.

3) *E. coli* 형질전환

* 조성

- CP cell .... 100 ul
- 플라스미드 DNA plus sterile water .... 10 ul

① 위와 같은 조성으로 혼합물를 제조한 뒤 30분 동안 얼음에 박아 둔 채로 안정화를 진행한다.

② 42 ℃에서 40 ~ 50초 동안 열 충격을 가해준다.

③ LB배지900 ul 넣어준 뒤 37 ℃, 200 rpm, 1시간 배양하여 리커버리를 진행한다.

④ 원심분리 한다(13000 rpm, 1 min).

⑤ 상등액을 파이펫으로 700 ul 따서 버린 뒤 남은 300 ul의 상등액으로 재부유 및 암피실린 선별 배지에 모두 도말하여 37 ℃, 12 ~ 15시간 정치배양 한다.

■ 효모 형질전환

1) 효모 형질변환체 선별용 고체배지(YNBD) 제작

* 조성 (YNBD 고체배지 100 mL 기준)

- Yeast Nitrogen Base without Amino Acid .... 0.67 g
- Yeast Synthetic Dropout without Uracil .... 0.192 g
- Yeast Synthetic Dropout without Leucine .... 0.160 g
- Yeast Synthetic Dropout without Histidine .... 0.192 g
- Yeast Synthetic Dropout without Tryptophan .... 0.192 g
- Yeast Synthetic Dropout without Uracil, Leucine, Histidine, Tryptophan .... 0.192 g
- 포도당 .... 2.0 g
- Agar .... 2.0 g

※ Yeast Nitrogen Base without Amino Acid는 아미노산, 비타민, 미량원소 등을 제공하고, Yeast Synthetic Dropout은 아미노산과 small 펩타이드s를 제공한다.

① 200 g/L 포도당 용액(10x)을 제조 후 멸균한다.

② 6.7 g/L Yeast Nitrogen Base without Amino Acid, 1.92 g/L Yeast Synthetic Dropout without Uracil을 제조하고자 하는 배지의 부피에 맞추어 정량한다.

③ 정량한 파우더를 적절한 양의 증류수를 이용해 녹인다.

④ 녹인 배지 용액을 메스 실린더로 총부피의 10% 제외한 양으로 맞춘다.

⑤ 정량한 YNB 배지에 총부피의 1.5~2%에 해당하는 Agar를 정량 후 섞어준다.

⑥ 고압멸균기를 이용하여 멸균한다. (121 ℃, 15분)
이때, 마그네틱 바를 넣어 멸균하며, 멸균 후에는 클린벤치 안에서 진행한다.

⑦ 멸균이 끝나면 200 g/L 포도당 용액을 총부피의 10% 만큼 넣어준다.

⑧ 두 용액을 교반기를 이용하여 잘 섞어준 다음 페트리디쉬에 20~25 ml 정도 부어준 다음 배지가 굳을 때까지 충분히 식혀준다.

⑨ 완전히 굳은 배지는 밀봉 후 뒤집어서 냉장 보관한다.

2) 효모 반응능 세포 제작

① 15 ml 튜브 2개에 각각 배양액 3 ml 분주 후 무게를 맞춘다.

② 원심분리한다(6000 rpm, 10 min, 4℃).

③ 상등액을 파이펫으로 따서 버린다.

④ 증류수 1.5 ml로 세포를 풀어준다.

⑤ 원심분리한다(6000 rpm 10 min 4℃).

⑥ 상등액을 파이펫으로 따서 버린다.

⑦ 0.1 M LiAc 400 ul로 재부유 후 1.5 ml e−tube에 옮긴다.

⑧ 원심분리한다(13000 rpm 1min).

⑨ 상등액을 파이펫으로 따서 버리고 0.1 M LiAc 200 ul로 재부유해 완성한다.

3) 효모 형질전환

* 조성

− CP cell .... 50 ul

− PEG 3350 (50% (w/v)) .... 240 ul

− 1 M LiAc .... 36 ul

− ssDNA .... 50 ul

− 플라스미드 DNA plus sterile water .... 34 ul

① 위와 같은 조성으로 혼합물을제조한다.

② 약 1분간 볼텍싱한다.

③ 총 45 min 동안 열충격을 가해준다. (단, 15분에 한 번씩 볼텍싱)

④ 원심분리한다(13000 rpm, 1 min).

⑤ 상등액을 파이펫으로 따서 버린다.

⑥ 증류수 200 ul로 재부유 후 배지에 모두 도말한다.

⑦ 30 ℃ 정치 배양

실험보고서

실험보고서

실험보고서

실험보고서

실험보고서

발효 및 생물공학 실험서

실험 4

세균 발효 기술

실험 4

세균 발효 기술

실험의 목적

- Lac 오페론과 IPTG 유도 시스템, T7 발현 시스템에 대해 이해하고 박테리아 발효를 통한 아이소부탄올 생산에 이를 적용해본다.

실험의 원리

(1) 오페론(Operon)

- 모노시스트로닉(Monocistronic): 하나의 mRNA가 하나의 펩타이드만을 번역하는 것으로 주로 진핵세포의 mRNA가 이 형태이다.
- 폴리시스트로닉(Polycistronic): 하나의 mRNA가 여러 펩타이드를 암호화하는 것으로 동일한 규제을 통해 여러 단백질을 만들 수 있다. 원핵세포의 mRNA가 이 형태이다.

1) 정의

- 하나의 프로모터의 조절을 받는 유전자 무리로 DNA의 기능적 단위이다.

2) 구조

- 조절유전자(regulatory gene): 독자적인 프로모터를 가지고 있고 억제자(repressor)를 암호화하며 항상 발현된다.
- 구조유전자(structural gene): 효소의 유전정보를 암호화하고 있는 유전자이다.
- 작동유전자(operator gene): 프로모터 혹은 프로모터와 구조유전자 사이에 위치하여 RNA 중합효소가 유전자에 접근하는 것을 조절한다.
- 억제자(repressor): 구조 유전자의 전사 반응을 억제한다.
- 활성자(activator): 구조 유전자의 발현을 촉진한다.
- 프로모터(promoter): RNA 중합효소가 인식하여 부착하는 DNA 서열이다.

(2) Lac 오페론(Lac operon)

1) 조절 메커니즘

- Lac오페론의 lac 작동자에는 lac I 유전자에 의해 만들어진 lac 작동자가 붙어있어 RNA 중합효소가 프로모터에 결합하지 못해 전사가 일어나지 않는다. 젖당과 포도당의 존재 유무에 따라 유전자의 전사, 번역을 조절한다.

① 젖당이 있을 때

젖당이 세포 내부로 들어가면 유사젖당체가 만들어진다. 유사젖당체는 lac 작동자와 결합하여 lac 작동자로부터 lac 억제자를 떨어뜨리고, RNA 중합효소가 프로모터에 결합하면서 전사가 일어난다.

② 젖당이 없을 때

젖당이 없으므로 유사젖당체가 만들어지지 않아 lac 작동자에 lac억제자가 붙어있게 된다. 따라서 프로모터에 RNA 중합효소가 결합하지 못해 전사가 일어나지 않는다.

■ 유사젖당체: 젖당의 대사산물인 물질로 배지의 젖당이 세포 내부로 들어갈 때 소량 만들어진다.

③ 포도당이 없을 때

포도당이 적으면 굶주림 신호가 발생해 cAMP가 만들어져 CAP에 결합한다. cAMP−CAP는 프로모터에 결합하게 되고 이는 RNA 중합효소가 프로모터에 결합하는 것을 도와 전사를 촉진시킨다.

■ cAMP(cyclic AMP): 포도당의 수치가 낮을 때 대장균이 만드는 hunger signal 분자이다. 아데닐산 고리화효소(adenylate cyclase)에 의해 ATP가 cAMP로 변환된다.

■ CAP(catabolite activator protein): cAMP을 통해 포도당의 양을 간접적으로 인식한다. 평소에는 DNA에 결합하지 못하지만 cAMP가 결합하면 DNA에 결합할 수 있다.

④ 포도당이 있을 때

굶주림 신호가 발생하지 않아 cAMP가 합성되지 않으므로 CAP가 DNA에 결합할 수 없게 된다. 미약한 수준으로 전사가 일어난다.

2) 누출 발현(Leakage expression)

■ lac 오페론의 경우 IPTG 유도를 해주지 않아도 기초발현으로 외래 유전자가 발현되는데 이를 누출발현이라고 한다. 이는 발현하고자 하는 목표 단백질이 세포에 독성이 있을 경우 산물 생산에 좋지 않은 영향을 끼친다. 이를 제어하기 위해 pLysS 유전자를 이용한다.

3) *p*LysS 유전자

■ 라이소자임(lysozyme)을 발현시키는 유전자로 단백질을 발현시킬 숙주 세포에 이를 도입하여 기초발현으로 작동되어진 T7 RNA 중합효소를 분해함으로써 원하는 시점에만 단백질을 발현 유도할 수 있도록 한다.

(3) IPTG(Isopropyl-β-D-thio-galactoside) 유도 시스템

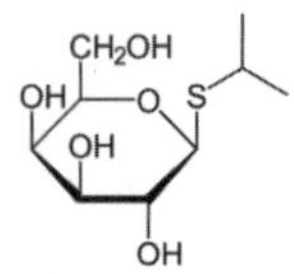

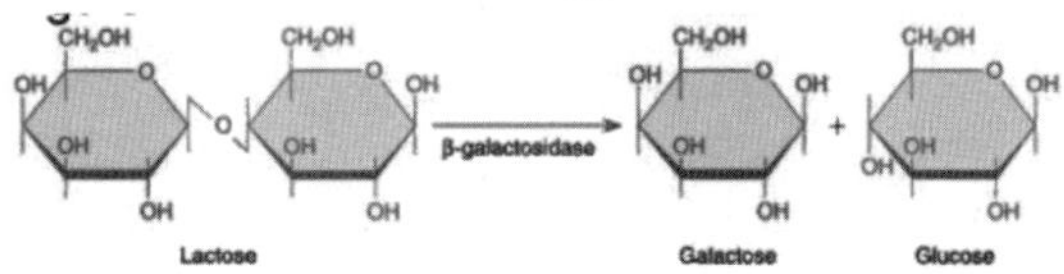

- IPTG는 유사젖당체와 분자적으로 유사한 화합물로 lac 프로모터에 의해 조절되는 단백질의 발현을 위해 젖당 대신 넣어주는 물질이다. Lac 억제자에 결합하여 lac 억제자가 lac 작동자에 결합하지 못하게 해 전사를 유도한다. 유사젖당체는 Lac Z 유전자에 의해 발현되는 베타갈락토시데이즈에 의해 분해되지만, IPTG는 분해되지 않아, lac 오페론을 이용한 단백질 과발현에 이용된다.
- 배양: 회분식 배양에서 한정된 세포성장이나 대사 산물 생성의 결점을 극복하고자 배양 중 배지나 기질을 공급하는 방법이다. 배양액의 유출은 없다.
- 연속식 배양: 배양기 내로 신선한 배지를 일정 속도로 유입시킴과 동시에 배양액을 지속적으로 유출시킨다. 따라서 배양기 내 환경이 일정하게 유지된다.

(4) T7 발현 시스템

1) DE3 시스템

- DE3 시스템 : lac오페론의 구조 유전자 상에 T7 중합효소를 발현시키는 T7 유전자를 가지고 있어서, IPTG로 lac 오페론를 유도시키면 T7 RNA 중합효소가 만들어지고, 만들어진 T7 RNA 중합효소가 발현 벡터 (ex. pET 시스템)의 T7 프로모터에 작용하여 벡터에 있는 외부 유전자의 발현을 유도

2) pET 시스템

- pET 시스템: 박테리오파지에서 유래한 T7 프로모터를 이용하여 높은 수준의 발현 정도를 보장하는 발현 시스템. T7 RNA 중합효소가 공급되지 않으면 발현이 되지 않으며 따라서 DE3

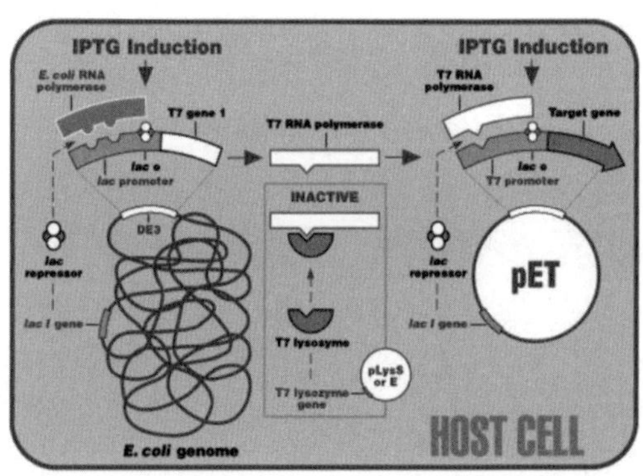

와 같이 T7 중합효소를 발현할 수 있는 균주에서 사용하는 플라스미드이다.

(5) E. coli BL21 & BL21(DE3) 균주

- 단백질 발현 시 lac 프로모터의 한 종류인 lacUV5 프로모터 하류에 T7 RNA 중합효소를 코딩하는 λ phage의 λ DE3를 용원화 한 대장균을 숙주로서 이용한다. E. coli 유전체에서 IPTG 유도를 통해 T7 RNA 중합효소가 생성되면 벡터(ex. pET 시스템)의 T7 프로모터에 결합하여 목표 유전자를 발현시킨다. 대표적인 숙주 미생물로 E.coli BL21 계열을 이용하고 있다.

1) E. coli BL21

- λ DE3 유전자가 유전체에 용원화 되지 않은 대조군 균주로서 이 외에는 발현용 숙주 미생물과 동일한 유전자형을 갖는 대장균으로 발현의 대조군으로 사용한다.

2) E. coli BL21(DE3)

- lacUV5 프로모터 하류에 T7 RNA 중합효소를 코딩하는 λ phage의 λ DE3를 용원화 한 대장균 숙주로서 IPTG를 이용하여 lacUV5 프로모터로부터 T7 중합효소를 유도할 수 있다. pET 시스템과 같은 벡터 시스템 사용시 높은 수준의 단백질 발현 및 단백질 유도가 용이하지만 유도되지 않은 독성 단백질 발현이 있을 수 있는 단점을 가진다.

(6) 아이소부탄올 생산 경로

- 포도당이 해당과정을 통해 피루브산을 만들면 Valine biosynthetic pathway와 The Ehrlich pathway를 통해 아이소부탄올이 만들어진다. 이때 각 단계별 필요한 효소를 암호화하는 유전자를 벡터를 이용해 도입해준다.
- 필요유전자(유래 균주)

alsS (Bacillus subtilis), kivD (Lactococcus lactis), ilvC (Escherichia coli), ilvD (Escherichia coli), yqhD (Escherichia coli)

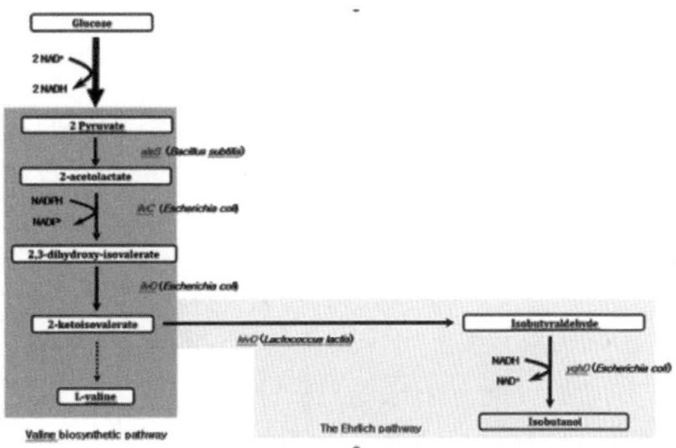

재료 및 도구

1) 재료

- 비커, 마그네틱 바, 증류수, Yeast extract, Tryptone, NaCl, 메스 실린더, 시약스푼, 시약접시, 500 ml baffled 플라스크, 70% ethanol
- 5 ml LB medium (test−tube), 암피실린(50 μg/ml), 90ml LB medium(플라스크), 포도당 solution(200 g/L), IPTG, E−tube, 파이펫, 파이펫 tip, 파이펫 aid, 파이펫 aid tip, 알코올 램프, 킴테크, 70% ethanol

2) 도구

- 저울, 교반기, 고압멸균기, 배양기, 클린벤치, 배양기, vortexer, centrifuge, Spectrophotometer, pH meter, HPLC

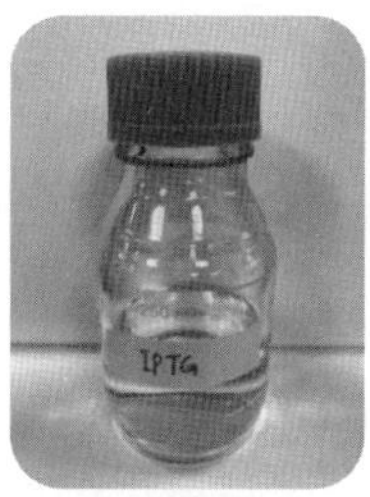

〈IPTG〉

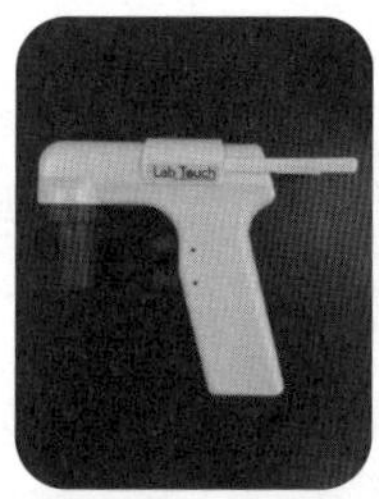
〈Pipet aid〉

〈Autoclave〉

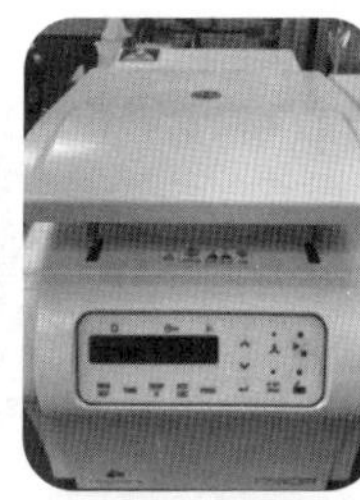
〈Centrifuge〉

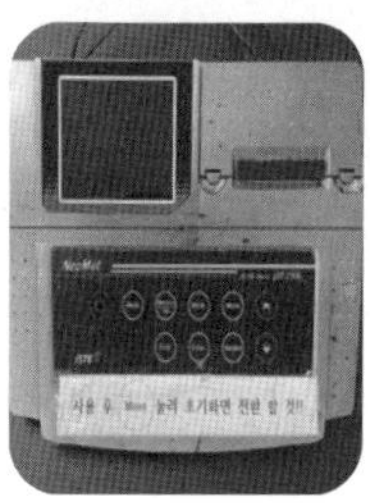
〈pH meter〉

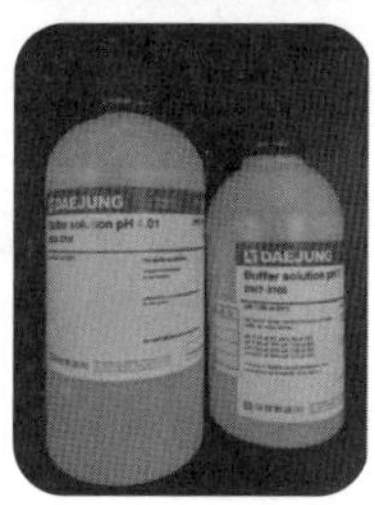
〈pH meter_calibration 용액〉

〈HPLC〉

〈HPLC vial〉

실험 방법

(1) 박테리아 발효용 배지 만들기

1) LB 배지 (플라스크)

① 약 50 ml의 증류수를 비커에 넣는다.

② 0.5% yeast extract, 1% tryptone, 1% NaCl을 첨가 후 마그네틱 바와 교반기를 이용하여 잘 녹인다.

③ 시약이 완전히 녹은 후, 메스 실린더를 이용하여 (당 부피를 제외한)부피 90 ml를 맞춘다.

④ *포도당의 경우 200 g/L로 만들어 따로 고압멸균기를 돌린다.

⑤ 만들어진 배지를 플라스크에 넣어주고 뚜껑을 닫은 뒤 호일로 감싸준다.

⑥ 고압멸균기로 121 ℃, 1.5기압상태에서 15분간 고압 멸균시킨다.
⑦ 온도가 80 ℃ 이하로 내려가면 배지를 꺼낸다.

(2) 박테리아 발효

1) 종균배양(Seed culture)

① 5 ml LB 배지 test−tube에 50 mg/ml 암피실린 5ul를 넣어준다.
② 균을 접종한 후 37℃, 200 rpm에서 12시간 배양한다.

2) 플라스크 배양(flask culture)

① LB 배지 90 mL에 포도당 (200 g/L) 10 mL 첨가 후 50 mg/ml 암피실린을 100 ul 첨가한다.
② Seed 배양한 배양액을 본 배양에 1 ml(부피의 1%)접종한다.
③ 37℃에서 200 rpm으로 24시간 발효한다. 이때, OD가 0.7~0.8이 되면 IPTG를 0.1 mM 첨가한다.

3) 샘플링

■ 발효 진행 중에는 일정 시간마다 OD, pH 측정 및 HPLC 등의 분석기기를 이용하여 균의 성장 양상, 배지 환경 및 기질과 산물의 변화를 측정해야 한다.
① 발효 중인 플라스크와 e−tube를 준비하고 클린벤치를 세팅한다.
② 플라스크 내부의 배양액이 고루 섞이도록 흔들어준 후 파이펫을 이용해 필요한 만큼 취한다.
③ 모든 플라스크의 배양액 채취가 완료되면 플라스크를 다시 배양기에 넣은 후 OD, pH및 HPLC 측정을 진행한다.

■ OD 측정
① 채취한 배양액을 OD 신뢰구간(0.2~0.6)에 들어오도록 희석 후 1 ml를 큐벳에 넣는다.
② 발효 중인 배지와 같은 종류의 배지를 이용해 분광광도계의 영점을 잡는다. 이 때 배양액을 희석하여 OD를 측정할 경우 배지도 같은 희석배수만큼 희석하여 영점을 잡아준다.
③ 분광광도계를 이용하여 측정한다. 이 때 값이 신뢰 구간에서 벗어났을 경우, 다시 희석 및 측정하여 신뢰구간 내의 값을 이용한다.
④ 신뢰구간 내의 값이 나왔을 경우 값에 희석배수를 곱한다.

■ pH 측정

① pH 측정을 위해 채취한 배양액을 원심 분리한다.

② pH 미터를 켜고 전극을 증류수로 잘 헹궈준 뒤 물기를 제거한다.

③ 전극을 원심 분리한 상등액에 담가 pH를 측정한다.

④ 측정이 완료되면 전극를 증류수로 잘 헹궈준 뒤 물기를 제거하여 3M KCl 용액에 담가 보관한다.

■ 샘플링을 진행하면서 HPLC 분석에 이용할 배양액을 함께 채취한다.

실험보고서

실험보고서

실험보고서

실험보고서

실험보고서

발효 및 생물공학 실험서

실험 5

효모 발효 기술

실험 5

효모 발효 기술

실험의 목적

- 알코올 효모인 *Saccharomyces cerevisiae*로 자일리톨을 발효 생산한다.

실험의 원리

(1)효모(Yeast)

- 효모는 균계에 속하는 미생물로 약 1500종이 알려져 있다.
- 대부분 출아에 의해 생식하나 체세포분열을 하는 종도 있다.
- 크기는 대략 3~4마이크로미터로 단세포 생물이다.
- 진핵생물에 속하나 플라스미드를 가지고 있다.
- 육탄당과 같은 단당류를 먹이로 삼는다.
- 혐기 조건에서는 피루브산으로부터 에탄올 발효가 일어나며 이산화탄소를 배출한다.
- 10 ℃부터 37 ℃ 사이에서 생장할 수 있다. 10 ℃보다 낮은 온도에서는 생장을 멈추고 37 ℃보다 높은 온도에서는 생장이 억제되며, 50 ℃ 이상이 되면 세포가 파괴되기 시작한다.

(2) 효모의 번식

1) 출아법

- 모세포 세포벽에서 작은 돌기가 생겨 점차 성장하여 분리되는 생식법이다.

2) 유성생식

- 효모 중 *S. cerevisiae*는 반수체와 배수체 형태로 존재한다.
- a 타입의 반수체와 α 타입의 반수체끼리 접합이 일어나 이배체가 될 수 있다.
- 이배체 세포는 영양소 고갈과 같은 환경적 스트레스가 주어지면 체세포분열을 거쳐 2개의 a 포자, 2개의 α 포자를 생성한다.

(3) 산업 효모로서의 *Saccharomyces cerevisiae*

- GRAS(Generally Recognized As Safe)
- 유전체분석이 완료되었다.

- 대장균 등의 박테리아에 비해 산염기 내성이 강하다.
- 높은 에탄올 생산성과 내성을 가지고 있다.
- 박테리오파지 감염의 우려가 없다.
- 번역 후 수식 기전으로, 단백질 생산에서 박테리아보다 유리하다.

(4) 자일리톨 생합성

- 자일리톨 환원효소(Xylitol reductase, XR)은 오탄당 인산경로의 자일로스를 자일리톨로 환원하는 효소다.
- S. cerevisiae는 자일리톨 환원효소를 가지고 있지 않기 때문에, Pichia stipitis나 Candida tropicalis 등의 자일리톨 환원효소를 S. cerevisiae에서 이형발현하여 자일로스로부터 자일리톨을 생산할 수 있다.

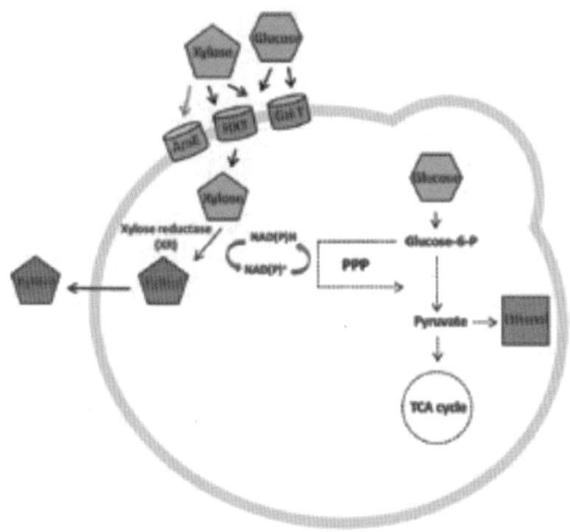

재료 및 도구

(1) 재료

- S. cerevisiae D452-2, S. cerevisiae D452-2 _p406GPD_wXR_CYC, 포도당200 g/L solution, xylose 100 g/L solution, YNB Ura- 배지

〈Xylose soution〉

〈YNB Ura 배지〉

(2) 도구

- 500 mL baffled 플라스크, 배양기, 클린벤치, vortexer, centrifuge, spectrophotometer, pH meter, HPLC

실험 방법

(1) 종균 배양 (Seed culture)

① YNB Ura− 배지에 균을 접종한 후 30 ℃, 200 rpm에서 24시간 배양한다.

(2) 플라스크 배양 (flask culture)

① YNB Ura− 배지 40 mL에 포도당 5 mL, xylose 5 mL을 넣어 최종 농도가 각각 20 g/L, 10 g/L가 되도록 한다.

② Seed 배양액을 5 ml씩 접종한다.

③ 30 ℃, 200 rpm에서 24시간 발효한다.

(3) 샘플링

① 발효 중인 플라스크와 e−tube를 준비하고 클린벤치를 세팅한다.

② 플라스크 내부의 배양액이 고루 섞이도록 흔들어준 후 파이펫을 이용해 필요한 만큼 취한다.

③ 모든 플라스크의 배양액 채취가 완료되면 플라스크를 다시 배양기에 넣은 후 OD, pH 및 HPLC 측정을 진행한다.

1) OD 측정

① 채취한 배양액을 OD 신뢰구간(0.2~0.8)에 들어오도록 희석 후 1 ml을 큐벳에 넣는다.

② 발효 중인 배지와 같은 종류의 배지를 이용해 분광광도계 영점을 잡는다. 이 때 배양액을 희석하여 OD를 측정할 경우 배지도 같은 희석배수만큼 희석하여 영점을 잡아준다.

③ 분광광도계를 이용하여 측정한다. 이 때 값이 신뢰 구간에서 벗어났을 경우, 다시 희석 및 측정하여 신뢰구간 내의 값을 이용한다.

④ 신뢰구간 내의 값이 나왔을 경우 값에 희석배수를 곱한다.

2) pH 측정

① pH 측정을 위해 채취한 배양액을 원심 분리한다.

② pH미터를 켜고 전극을 증류수로 잘 헹궈준 뒤 물기를 제거한다.

③ 전극을 원심 분리한 배양액의 상등액에 담가 pH를 측정한다.

④ 측정이 후, 전극을 증류수로 닦아 물기를 제거해 3 M KCl 용액에 담군다.

3) HPLC 샘플링 채취

① 샘플링하면서 HPLC 분석에 이용할 배양액을 함께 채취한다.

② 13000 rpm 1분으로 원심분리를 돌린 후 상등액을 채취하여 0.45 μm 필터로 필터링 후 HPLC 분석에 이용한다.

실험보고서

실험보고서

실험보고서

발효 및 생물공학 실험서

실험 6

발효기 구성과 운용

실험 6

발효기 구성과 운용

실험의 목적

● 발효기의 구성을 파악하고 실제로 운용하여 본다.

실험의 원리

(1) 발효기

1) 발효기

■ 발효기는 에탄올이나 젖산 등의 발효를 위해 박테리아나 곰팡이를 대량 배양하는 일종의 생물 반응기이다. 미생물의 최적 성장 조건을 조성하기 위해 교반, 통기, 온도 조절, pH 조절, 압력 조절, 영양 공급 등이 이루어질 수 있도록 공학적으로 설계되어 있다.

2) 발효기 구성

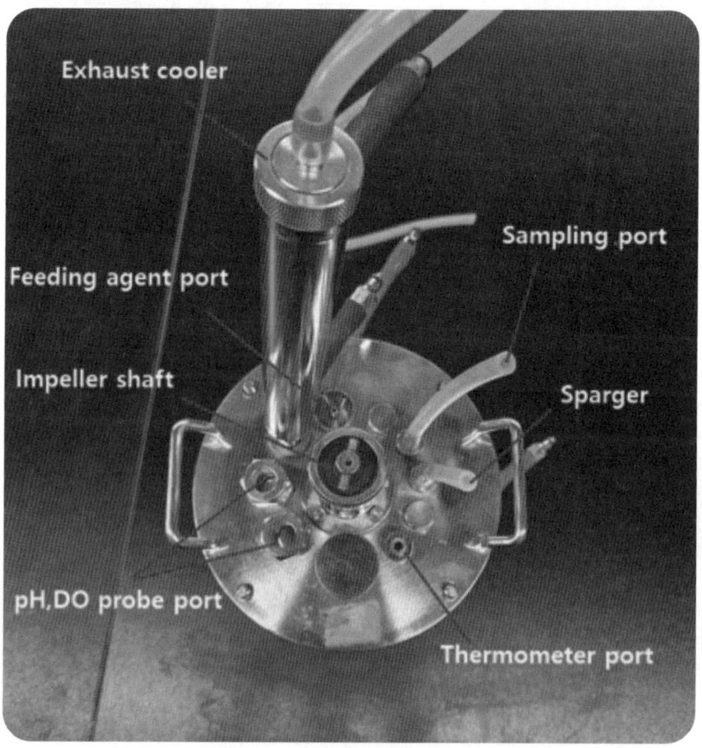

■ Jacket: 발효기의 외형을 이루는 원통형의 용기이며 배지가 들어간다. 소재

는 유리, 스테인리스 등이다.

- 교반장치: 모터의 회전에 의해 배양액을 교반시켜 기질, 세포 등이 균일하게 섞이도록 해주고 열전달, 산소공급이 이루어지게 해준다.
- Top plate: Jacket을 덮는 뚜껑이다. 배지를 외부로부터 차단시켜준다. 여러 기능의 port가 있다.
  - 접종 port: 접종을 하기 위한 port로, 외부의 물질이 직접 들어가는 곳이다. 접종 시 화염 멸균 상태로 만들어 준다.
  - Probe port: pH probe, DO probe, 온도측정장치 등이 들어가는 곳이다.
  - Feeding port: pH 조정 시의 acid/alkali나 fed-batch 시 feeding solution이 컨트롤러의 조절을 받아 호스를 통해 들어가는 곳이다.
  - 샘플링 port: 샘플링을 하기 위해 발효기 내부와 외부가 관으로 연결되어 있다.
  - Sparger: 공기가 배지 내로 들어가는 곳이다. 오염을 막기 위해 filter를 연결하여 사용한다.
  - Condenser: Condenser 내로 냉각수가 흐르면서 외부로 빠져나가는 공기 속의 수증기를 응축시킨다. 배양 과정 중 증발로 인해 발생하는 배지의 손실을 막아준다.

3) 발효기 배양방법

- 회분식 배양: 배양이 끝날 때까지 배양기 내에 영양물질을 공급하거나 제거하지 않는 폐쇄계 배양 방법이다.
- 유가식 배양: 회분식 배양에서 한정된 세포성장이나 대사 산물 생성의 결점을 극복하고자 배양 중 배지나 기질을 공급하는 방법이다. 배양액의 유출은 없다.
- 연속식 배양: 배양기 내로 신선한 배지를 일정 속도로 유입시킴과 동시에 배양액을 지속적으로 유출시킨다. 따라서 배양기 내 환경이 일정하게 유지된다.

재료 및 도구

1) 도구

- 1 L jar 발효기, pH probe, DO probe

〈Jar Fermenter〉

실험 방법

(1) 발효기 세척과 공멸균

① 세제와 수세미로 jacket, top plate impeller, 샘플링 port 관 등 미생물과 접촉하는 모든 부분을 세척한다.

② Jacket에 5% 이상의 물을 넣고 top plate를 닫는다. Sparger, 샘플링 port, condenser 등 모든 구멍을 호일로 감싸 막는다. Motor나 sensor 연결부 등도 호일로 감싼다.

③ Vessel 내부 압력 상승을 막기 위해 접종 port를 2~3바퀴 돌려 푼다.

④ 고압멸균기로 121 ℃, 1.5기압의 상태에서 15분간 고압멸균한다.

(2) Probe 보정

1) pH probe 보정

① pH probe와 온도 sensor를 pH7 buffer solution에 담근 후 5~10분 대기한다.

② 5~10분이 지나면 그대로 zero calibration을 시작한다. 이때 전극의 전위는 −30 ~ +30 mV가 정상 범위이다.

③ Zero calibration이 끝나면 probe를 증류수로 세척 후 pH4 혹은 10 등, span calibration 용액에 담근다.

④ Span calibration을 시작한다.

⑤ Span calibration이 끝나면 slope값을 확인한다.

2) DO probe 보정

① DO probe의 전해액을 교체 후 전원 인가하여 대기 중 6시간 방치한다.

② DO calibration에는 대기 중을 100% 포화 상태로 보는 대기 중 교정 방법과 발효기의 멸균 후 배양공정 상태에서 배양 조건에 가할 수 있는 최대 공기량 주입과 최대 교반 속도의 실시 과정 중에 실시하는 방법 두 가지가 있다. 방법을 선택 후, 해당 조건에서 one point calibration을 시작한다.

③ Calibration이 끝나면 slope 값을 확인한다. 45~90nA, 최대 110nA 가 정상 범위다.

(3) 배지 멸균

① 공멸균이 끝난 후 jacket에 배지를 넣는다.

② pH probe, DO probe를 top plate에 연결한다.

③ Sparger 호스에 필터를 연결 후 호일로 감싼다. 센서류의 전기 접속부, motor 연결부 등을 호일로 감싸준다.

④ Vessel과 필터 사이에 연결된 호스는 배지 역류를 방지하기 위해 클램프로 막아준다.
⑤ Vessel 내부 압력 상승을 막기 위해 접종 port를 2~3바퀴 돌려 푼다.
⑥ 고압멸균기로 121 ℃, 1.5기압의 상태에서 15분간 고압멸균 시킨다.

(4) Air 컴프레서, circulator, 컨트롤러 연결

① 배지 멸균이 끝난 후 온도가 90~80 ℃ 정도가 되면 접종 port를 완전히 잠근 후 vessel을 고압멸균기에서 꺼낸다.
② Vessel이 상온까지 식으면 air 컴프레서, circulator를 연결한다.
③ pH probe, DO probe, 온도계, motor를 컨트롤러와 연결한다.

(5) 배양 조건 setting, 접종

① Air를 공급하고 냉각수를 순환시켜 배양 상태로 조건을 setting한다.
② pH 조정이 필요한 경우 acid나 alkali를 feeding agent port를 통해 공급한다.
③ 배양 조건이 setting 되면 접종구를 통해 접종 후 배양을 시작한다.

실험보고서

실험보고서

실험보고서

실험보고서

발효 및 생물공학 실험서

실험 7

발효 물질 분석

고속 액체 크로마토그래피 이용

실험 7

발효 물질 분석

고속 액체 크로마토그래피 이용

실험의 목적

● 고속 액체 크로마토그래피 장비를 활용하여 고분자화합물이나 열에 불안정한 물질, 극성이 강한 물질들을 고정상과 액체이동상 사이의 물리화학적 반응성의 차이를 이용하여 분리시료(샘플)속 물질을 서로 분리하고 정량한다

〈고속 액체 크로마토그래피 (Agilent 1260, Agilent Technologies Co., Santa Clara, CA)〉

실험의 원리

(1) 고속 액체 크로마토그래피(HPLC)의 원리

1) 기기의 개요

■ 고속 액체 크로마토그래피(High Performance Liquid Chromatography, HPLC)는 액상의 이동상, 컬럼인 고정상, 고성능의 펌프, 검출기, 주입부의 주요구성부분과 이외에 컬럼 히터, 신호 및 데이터를 나타내는 적분기 등으로 구성되어 있으며 최근에는 컴퓨터프로그램에 의해 펌프, 검출기, 주입기 등이 모두 통제되며 데이터 처리가 된다.

2) 기기의 원리

■ 크로마토그래피는 혼합물의 성분물질을 이동상과 고정상을 이용하여 분리하는 방법이며 액체크로마토그래피는 이동상으로 액체를 사용하는 것이 특징이다. 시료의 화학물질이 녹아 있는 이동상을 펌프를 이용하여 고압의 일정한 유속으로 밀어서 충진제가 충진되어 있는 고정상인 컬럼을 통과하도록 하며 이때 시료의 화학물질이 이동상과 고정상에 대한 친화도에 따라 다른 시간대별

로 컬럼을 통과하는 원리를 이용하며 이러한 화학물질을 검출기를 이용하여 시간대별 반응의 크기를 측정함으로써 특정 화학물질을 정량하는 방법이다.

(2) 고속 액체 크로마토그래피의 구성

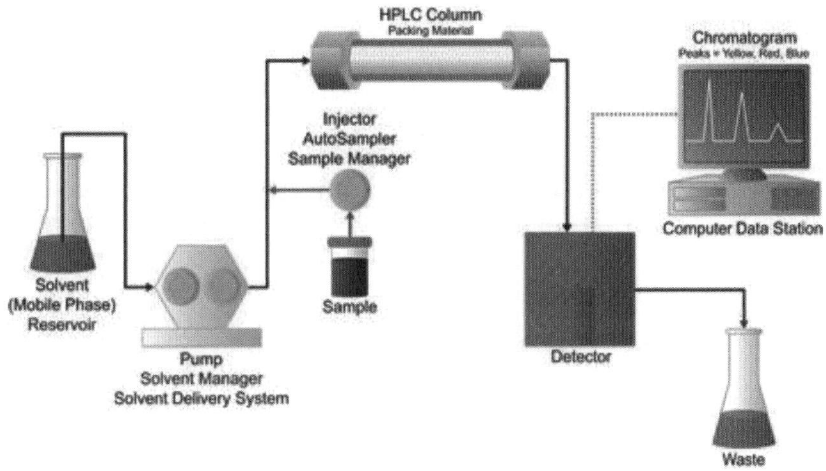

〈HPLC 구성 요소〉

- 이동상 저장 용기(Mobile phase reservoir): 컬럼(column)에서 분석물질을 공급하기 위해 공급되는 이동상(Mobile phase)를 저장하는 병(reservoir)
- 탈기 장치(Degasser): 이동상 중의 용존 산소, 질소, 기포 등을 제거하여 컬럼 내에서 이동상에 대한 진동의 진폭을 줄여주는 장치
- 펌프(Pump): 이동상으로 사용되는 용매를 이동상 저장 용기로부터 시료주입기(injector)를 거쳐 컬럼으로 연속적으로 보내어 최종적으로 검출기(detector)를 통과한 후 이동상인 용매와 시료 주입기를 통해 주입된 시료가 밖으로 나올 수 있도록 압력을 가해주는 장치, 따라서 펌프는 일정한 압력과 유속을 유지할 수 있어야 한다.
- 시료 주입기(Injector): 분석하고자 하는 시료를 채취하여 용매의 흐름에 실어주는 장치
- 컬럼(Column): 혼합상태의 시료를 화학적/물리적 특성에 따른 머무름(retention)의 차이에 의해 단일 성분으로 분리하는 장치, 분석 시료의 종류에 따라 컬럼의 크기 및 충진제의 종류를 선택하여 사용한다.
- 컬럼 온도 조절기(Column temperature control oven): 분리능 향상 및 분석결과의 재현성 보장을 위해 컬럼의 온도를 적절하게 유지해주는 장치
- 검출기(Detector): 컬럼에서 분리된 시료가 일정한 간격으로 검출기를 통과할

때 시료의 존재 및 양을 일정한 규칙에 의해 인식하여 전기적인 신호로 바꾸어 주는 장치

(3) 고속 액체 크로마토그래피의 분리 원리

- 정상 크로마토그래피(Normal phase chromatography): 극성 정지상과 비극성 이동상 용매를 사용하는 방식
- 역상 크로마토그래피(Reverse phase chromatography): 비극성 정지상과 극성 이동상 용매를 사용하는 방식
- 흡착 크로마토그래피(Adsorption chromatography): 이동상과 정지상의 상대적 극성에 따른 구분에 의해 분리 (정상, 역상 크로마토그래피가 이에 해당된다.)
- 이온교환 크로마토그래피(Ion exchange chromatography): 이온성을 띈 화합물이 반대 전하를 띄는 고정상과 이온결합을 형성하여 분리하는 방식
- 크기배제 크로마토그래피(Size exclusion chromatography): 분자량의 크기에 따라 화합물을 분리하는 방식

(4) 고속 액체 크로마토그래피 검출기

- 자외부 검출기: 특정파장에서 흡광도의 강도를 측정하는 기기로서 각 물질 별로 흡광도가 가장 높은 파장을 이용하여 검출한다.
- 형광 검출기: 형광을 띄는 물질을 검출하는 기기로, 물질이 빛 에너지를 흡수할 때 방출한 고유의 빛의 파장을 이용하여 검출한다.
- 굴절율 검출기: 분자량이 큰 물질이나 흡광도가 약하거나 형광을 띄지 않는 거대분자를 분석하는 경우에 빛의 굴절율을 이용하여 검출하는 기기로, 이동상의 굴절율과 용질의 굴절율의 차이는 물질의 농도에 비례함을 이용하여 정량한다.
- 전기 화학 검출기: 고정상을 통과한 물질 중에서 이온을 띄는 물질을 검출한다.

재료 및 도구

- 증류수, 황산(H_2SO_4 100%), 매스 실린더, vacuum filter(funnel, vacuum base, clamp, ground joint 플라스크), membrane filter, 컴프레서, HPLC 바이알, HPLC 바이알 cap, 1.5ml Eppendorf tube, 파이펫, vortexer
- HPLC (Agilent 1260, Agilent Technologies Co., Santa Clara, CA)

- Analysis column (Phenomenex, ROA－Organic Acid H^+＋(8%), 300×7.8mm)
- Guard column (Phenomenex, Guard Cartridge Kit, 30×4.6mm)
- RI detector (G7162A, Agilent Technologies Co., U.S.).

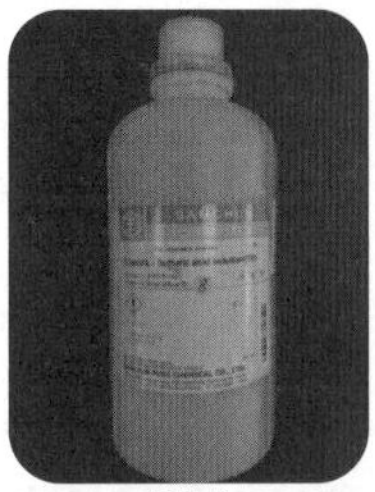
〈황산〉

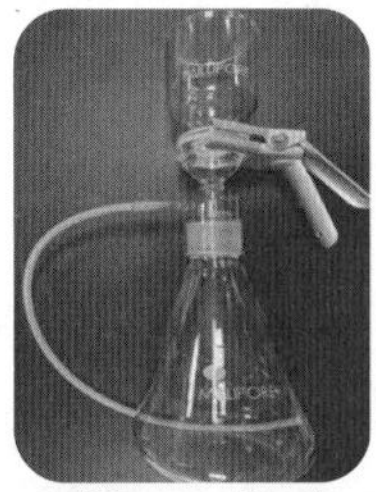
〈Vaccum filter〉

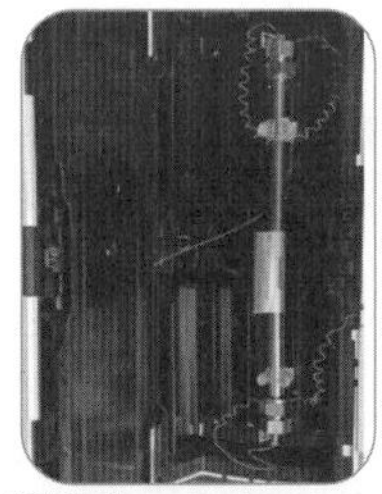
〈HPLC analysis column〉

〈RI–Detector〉

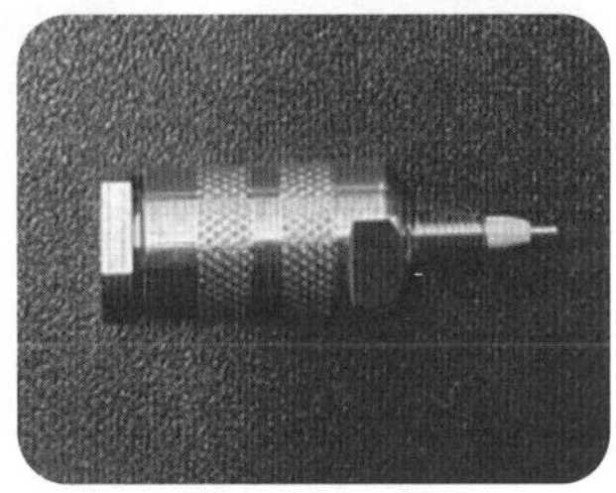
〈Guard column〉

실험 방법

(1) 이동상 제조 (0.005 N 황산(H_2SO_4), 1 L)

① 증류수(증류수) 1 L를 매스 실린더를 이용하여 개량한다.

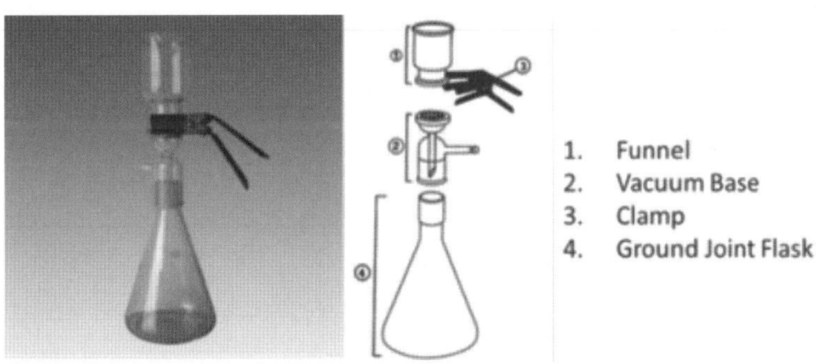

② 진공여과기을 결합한다.

③ 상단의 순서로 결합하여 주고 클램프로 필터 홀더를 집어준다. 이 때 멤브레인 필터의 격자 부분이 위로 올라오도록 멤브레인 필터를 놓아준다

④ 결합 후 펀넬부분에 약간의 증류수를 붓고 100% 황산용액 140.13 μl를 첨가한다. 플라스크와 연결된 고무관을 컴프레서와 연결한다.

⑤ 플라스크와 연결된 고무관을 컴프레서와 연결한 뒤 컴프레서 전원을 키고 증류수를 천천히 부어 여과를 시작한다.

⑥ 최종적으로 1 L의 증류수를 모두 여과해주어 그라운드 조인트 플라스크에 0.005 *N* 농도의 황산용액이 채워지도록 한다.

⑦ 완성된 0.005 *N* 황산 용액을 이동상 저장 용기에 담아 보관한다.

(2) 이동상 교체 및 고속 액체 크로마토그래피 안정화

① 고속 액체 크로마토그래피 각 장치 전원을 켜고, 컴퓨터 고속 액체 크로마토그래피을 실행한다.

② 기존의 이동상이 담겨있던 이동상 저장 용기를 제거하고 새로운 이동상 저장용기로 교체한다.

③ 고속 액체 크로마토그래의 퍼지 밸브를 열어준 뒤, 펌프의 유속을 1 mL/min으로 흐르도록 설정하여 기존의 저장 용매가 모두 Waste를 통해 버려지도록 한다. (15분 이상 진행)

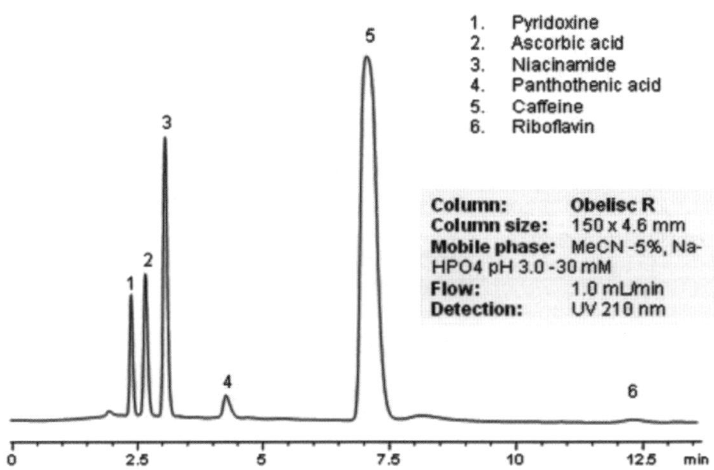

④ 기존의 저장 용매가 모두 버려졌으면 퍼지 밸브를 잠가준 뒤 새로운 이동상이 컬럼 및 RID의 기준셀에 채워질 수 있도록 30분~1시간 동안 0.6 mL/min의 유속으로 이동상을 흘려주어 안정화를 진행한다.

(3) 고속 액체 크로마토그래피 칼리브레이션(예시)

① 분석물질의 표준 용액을 0.1, 1, 2, 5, 10 g/L 농도로 제작한다.

② 표준 용액을 각 바이알에 담고 HPLC에 0.1, 1, 2, 5, 10 g/L 순서로 로딩한다.

③ 순서표을 작성한 뒤 고속 액체 크로마토그래피를 작동시켜 분석을 시작한다.

④ 분석을 마친 뒤 표준 용액의 농도에 따른 피크 넓이 값에 대한 검정곡선을 그린다.

⑤ 표준 물질 이름을 지정하여 보정표를 작성 후 프로그램에 저장한다.

(4) 고속 액체 크로마토그래피 샘플 제작 및 분석

③ 미생물 배양액을 e−tube 1.5ml에 담고, 원심분리기로 세포를 침전시킨다.

④ 분리된 배양액에서 상등액(supernatant)을 새로운 e−tube에 담아 샘플을 제작한다.

⑤ 준비된 샘플을 1 ml 주사기로 빨아들인 후 주사기의 바늘을 빼서 13 mm 주사기필터(0.2 ㎛ PVDF membrane)를 끼운 뒤 주사기를 하여 바이알에 담고 바이알 뚜껑을 닫아 샘플 제작을 완료한다.

⑥ 샘플을 순서대로 loading한 뒤 분석을 시작한다. (유속은 0.6 mL/min로 한 샘플 당 24분씩 분석)

⑦ 분석을 마친 뒤 최종 데이터를 분석하여 샘플 내의 물질을 분리하고 정량한다.

실험보고서

실험보고서

실험보고서

실험보고서

발효 및 생물공학 실험서

실험 8

발효 물질 분석

가스크로마토그래피 - 질량분석기

실험 8

발효 물질 분석

가스크로마토그래피-질량분석기

실험의 목적

- 가스크로마토그래피 장비를 활용하여 기체상태 시료나 휘발성 물질등을 물리화학적 반응성의 차이를 이용하여 분리시료속 물질을 서로 분리하고 질량분석기를 이용하여 미지 시료에 대한 정보와 그 양을 정량한다.

실험의 원리

(1) 가스크로마토그래피-질량분석기의 원리

1) 기기의 개요

- 가스크로마토그래-질량분석기 (Gas Chromatography–Mass Spectrometry, 가스크로마토그래피-질량분석기)의 가스크로마토그래피는 기체 용기, 주입기, 칼럼, 검출기로 이루어져 있으며, 검출기를 통과할 때 발생하는 신호는 기록계로 기록되거나 컴퓨터에 저장된다. 질량분석기는 그러한 정보를 바탕으로 미지 화합물을 확인하는데 필요한 정성적, 정량적 정보를 제공한다.

2) 기기의 원리

- 크로마토그래피는 혼합물의 성분물질을 이동상과 고정상을 이용하여 분리하는 방법이며 기체크로마토그래피는 이동상으로 기체를 사용하는 것이 특징이다. 고정상에 분석하고자 하는 시료를 흡착시킨 뒤 기체 이동상을 통과시켜 분리한다. 이때 시료의 성분기체가 흡착성이 낮은 성분부터 순서대로 분리되어 나오면 이에 대한 신호를 분석기가 머무름 시간으로 측정한다. 측정된 이 피크의 머무름 시간과 특정 화합물이 포함된 알려진 표준 시료를 주입하여 측정된 머무름 시간을 비교하는 방식으로 정량이 가능하다.
- 질량분석계는 고정상에서 분리된 이온이 분자 이온과 토막이온으로 분리되는데 이 중 분자 이온은 용질의 분자에 전하만 주어지는 것으로 그 질량은 용질의 분자량과 같다. 토막 이온은 분자 이온이 해리해서 만들어지므로 어떤 토막 이온이 생성되는지 관측하면 용질 분자의 구조를 확인할 수 있다. 질량 스펙트럼에서 얻은 전체적인 이온의 분포대한 정보가 기준 물질의 알려진 형태와 일치하는 지와 그 양을 비교함으로써 정성적, 정량적 분석이 가능하다.

(2) 가스크로마토그래피 – 질량분석기의 구성

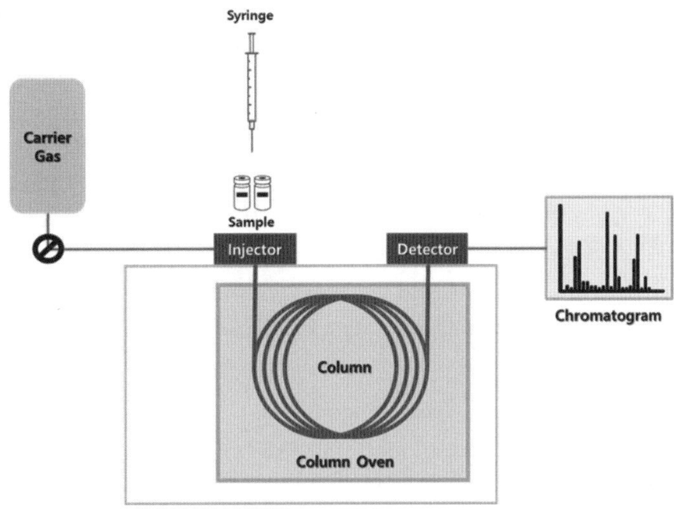

〈가스크로마토그래피–질량분석기 구성 요소〉

- 운반 기체(Carrier Gas): 가스크로마토그래피에서의 이동상 기체, 화학적으로 비활성이어야 한다.
- 시료 주입 장치(Injector): 검량된 마이크로주사기를 사용하여 컬럼 입구에 위치한 가열된 시료 주입구 내부의 고무 또는 실리콘 격막을 통해 액체 시료를 주입한다. 시료 주입구는 시료 중 가장 비휘발성인 물질의 끓는점보다 보통 50 ℃ 정도 높은 온도를 유지한다.
- 컬럼(Column): 가스크로마토그래피에서는 일반적으로 두 종류의 컬럼 즉, 충전 컬럼(packed columns)과 모세관 컬럼(capillary columns)을 사용한다. 컬럼은 보통 항온 오븐 안에 설치되어 있다. 시료의 평균 끓는점과 같거나 약간 높은 온도를 유지하여 용리 시간이 적절하게 된다.
- 검출기(Detector): 분석하고자 하는 시료의 종류와 농도 등의 특성에 따라 검출기를 선택하여 사용하면 된다.

(3) 가스크로마토그래피 검출기의 종류

- 이온화 검출기(Ionization detector)

  불꽃 이온화 검출기(Flame ionization detector, FID)

  불꽃 열이온 검출기(Flame Thermoionic Detector, FTD)

  광이온화 검출기(Photo ionization detector, PID)

  전자포획 검출기(Electron capture detector, ECD)

■ 물리적 성질 검출기(Bulk physical detector)
열전도도 검출기(Thermal conductivity detector, TCD)

■ 광학 검출기(Optical detector)
불꽃광도 검출기(Flame photometric detector, FPD)
원자방출 분광 검출기(Atomic emission detector, AED)

재료 및 도구

■ 가스크로마토그래피: Agilent 7890A, 질량분석기: Agilent 5977A)

■ (−)−α−bisabolol, Heptadecanoic acid methyl ester, n−dodecane (Analysis grade)

■ 샘플 바이알

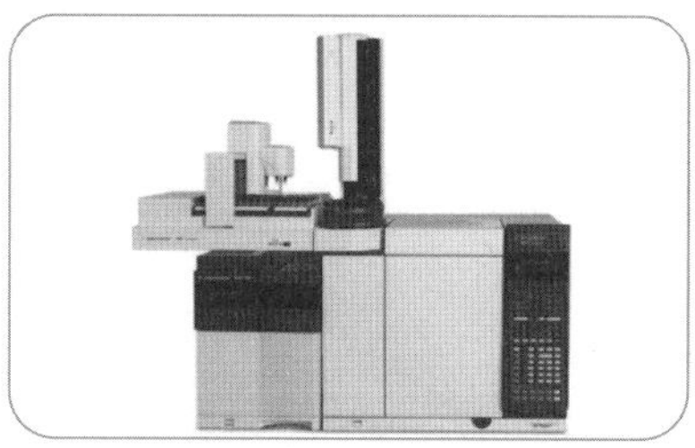

〈GC−MS〉

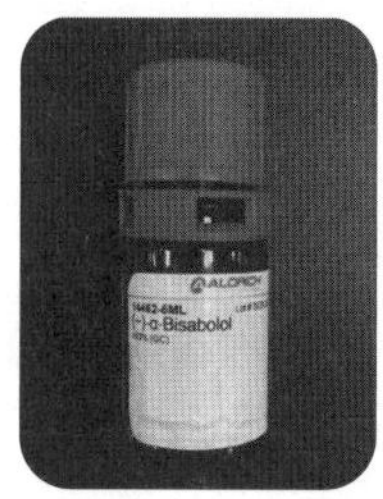

〈(−)−a−bisabolol for analytical standard〉

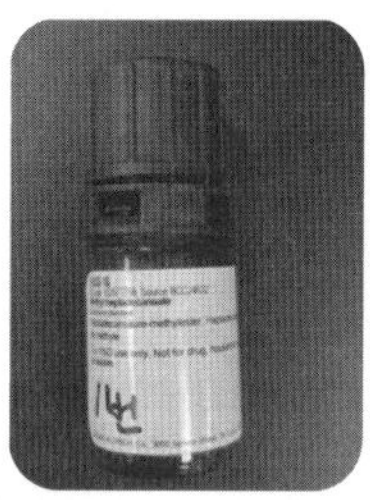

〈Heptadecanoic acid methyl ester〉

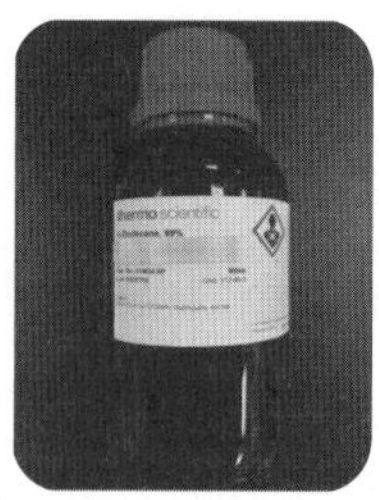

〈n−dodecane〉

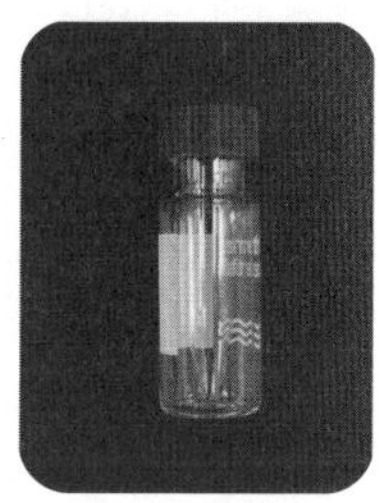

〈GC vial〉

실험 방법

1) 가스크로마토그래피−질량분석기 기기 전원 키기

① 헬륨 가스 밸브를 연다.

② MS의 vent valve를 꽉 잠근 후, MS 전원을 눌러 킨 후 진공 챔버에 진공이 잡히는 것을 눈으로 확인한다.

③ MS의 펌웨어 로딩이 완료되면 삑 소리가 난다. 이후 pump down이 자동으로 시작된다. Turbo pump speed, Ion source temperature, Quadrupole temperature가 올라가는 것을 확인한다.

④ GC의 전원을 눌러 킨다.

⑤ Auxiliary type을 MSD transfer line으로 설정한다.

⑥ Oven temperature를 on 한다.

⑦ Front inlet의 temperature, pressure를 on한다.

⑧ Thermal auxiliary heater를 on 한다.

⑨ 컴퓨터 상에서 GC/MS 소프트웨어를 실행한다.

⑩ Oven maximum temperature를 사용 중인 컬럼에 맞게 설정한다. ex) 320 ℃

⑪ 알맞은 method를 loading하고 질량분석기의 Turbo Pump Speed, 질량분석기 Source Temp, 질량분석기 Quad Temp, 가스크로마토그래피의 Oven temp, Front inlet temp, Thermal auxiliary temp가 set point에 맞춰질 때까지 기다린다.

⑫ Setpoint에 맞춰지면 질량분석기 autotune을 수행한다.

⑬ 질량분석기 autotune 결과를 보고 가스크로마토그래피－질량분석기의 상태를 확인한다.

2) 가스크로마토그래피－질량분석기 칼리브레이션(예시)

① (－)－α－bisabolol을 n－dodecane에 녹여 10, 25, 50, 100, 250, 500, 1000 mg/L 농도로 만들고, 내부표준물질 (ISTD)로 heptadecanoic acid methyl ester를 마찬가지로 n－dodecane에 녹여 농도 별 (－)－α－bisabolol 용액과 배합해 최종 농도가 250 mg/L가 되게 한다.

② 바이알에 농도별 표준 용액을 넣고 작은 농도부터 로딩한다.

③ 순서표를 작성한 뒤 분석을 시작한다.

④ 분석을 마친 뒤, (－)－α－bisabolol과 내부표준물질의 피크와 머무름시간을 확인한다.

⑤ (－)－α－bisabolol과 내부표준물질의 질량 스펙트럼을 보면서 각각 이온 피크를 세기가 가장 높은 순으로 3개 정도 골라 입력시켜준다.

⑥ 표준 농도에 따른 피크의 반응값에 대해 실제 농도를 입력시켜 검정곡선을 그린다.

3) 샘플 준비 및 분석

① Dodecane에 녹아 있는 (－)－α－bisabolol 샘플과 ISTD 용액을 바이알에 섞어 내부표준물질 최종 농도가 250 mg/L가 되게 한다.

② 샘플을 로딩한 뒤 알맞은 메소드로 분석을 시작한다. 분석 조건은 다음과 같다.

- Oven temperature: Initial 60 ℃, ramp rate 12 ℃/min, Final 250 ℃
- Injection mode: Split mode, 1:100
- Column flow rate: 1 mL/min
- Scanning mode: SIM mode

③ 분석을 마친 뒤 크로마토그램을 확인하고 샘플을 정량한다.

실험보고서

실험보고서

실험보고서

실험보고서

실험보고서

발효 및 생물공학 실험서

1판 1쇄발행	2024년 2월 26일
1판 2쇄발행	2025년 2월 3일
저 자	박용철
발 행 인	정승렬
발 행 처	국민대학교 출판부
주 소	서울시 성북구 정릉로 77(정릉동)
전 화	02-910-4242
팩 스	02-910-4240
등 록	1975년 6월 17일 제 6-33호
인쇄 · 편집	동방인쇄공사

ISBN 978-89-7812-529-1 93470 가격: 18,000원

※ "본 서적은 환경부와 한국환경산업기술원의 생물소재 특성화대학원 사업의 지원을 받아 제작함"